零基础 学饼干

彭依莎 主编

随手查

U0352747

陕西新华出版传媒集团
陕西旅游出版社

图书在版编目（ＣＩＰ）数据

零基础学饼干随手查 / 彭依莎主编. — 西安 ：陕
西旅游出版社，2018.7

ISBN 978-7-5418-3616-9

Ⅰ．①零… Ⅱ．①彭… Ⅲ．①饼干—制作 Ⅳ．
①TS213.22

中国版本图书馆 CIP 数据核字 (2018) 第 057637 号

零基础学饼干随手查　　　　　　　　　　　彭依莎 主编

责任编辑：贺　姗
摄影摄像：深圳市金版文化发展股份有限公司
图文制作：深圳市金版文化发展股份有限公司
出版发行：陕西旅游出版社（西安市唐兴路 6 号　邮编：710075）
电　　话：029-85252285
经　　销：全国新华书店
印　　刷：深圳市雅佳图印刷有限公司

开　　本：711mm×1016mm　　　1/32
印　　张：10
字　　数：150 千字
版　　次：2018 年 7 月　　第 1 版
印　　次：2018 年 7 月　　第 1 次印刷
书　　号：ISBN 978-7-5418-3616-9
定　　价：29.80 元

CONTENTS

Part 1 饼干制作准备篇

Part 2 挤出来的简单饼干

 Part 3 **刀切出来的酥脆饼干**

 Part 4　手揉出来的喷香饼干

 模具压出的造型饼干

饼干制作准备篇

饼干是"打开烘焙之门的钥匙",原因有三:

一是食材种类少,不用去寻找各种平时少见的材料;

二是制作简单,不用花费太多时间;

三是花样众多,同样的材料一次可做出不同的造型。

欲善其事,先做准备。

要制作饼干,提前做好准备工作吧!

饼干制作常备材料

市场上的烘焙食材多种多样，
想要做出美味又可爱的造型饼干，
我们需要哪些食材呢?

 低筋面粉

 颜色较白，易结块，蛋白质含量在
8%~10.5%，吸水量50%左右，大
多数饼干都是使用低筋面粉制成的。

 中筋面粉

乳白色，半松散质地，筋度和黏度均
衡，蛋白质含量在8%~10.5%，吸水
量50%左右，做出的饼干更干脆。

全麦面粉

粉类中夹杂些麦麸，口感较一般
的面粉更粗糙，有质感，有较浓
的麦子香味。

 **杏仁粉**

一般市售的杏仁粉是由甜杏仁去皮
后研磨制成的。

可可粉

由可可豆加工而成的可可粉末，用于制作巧克力风味的饼干或曲奇最为适合。

 芝士粉

由天然芝士经加工而成的粉末，粉质细腻，呈乳白色，闻起来有酸奶的味道。

 抹茶粉

即研磨成微粉状的蒸青绿茶，是制作抹茶风味饼干时必备的粉类。

 泡打粉

不含硫酸铝钾和硫酸铝铵成分的泡打粉，可以使饼干的体积胀大，口感更松脆。

 咖啡粉

本书中采用的是不添加奶粉和蔗糖的即溶黑咖啡粉，用于制作咖啡风味的曲奇或饼干。

细砂糖

较一般砂糖的颗粒更细，用于制作西点，可以更好地与油类融合。

 麦芽糖

黏性极高的糖类，多用于制作中式糕点的内馅。

 糖粉

砂糖中添加一定比例的玉米淀粉制成的粉类。

 糖霜

质地比糖粉更细腻，颜色更洁白，甜度更高。

 蜂蜜

由蜜蜂从花类中采取的花蜜，有天然的香气。

Bake 15 玉米糖浆

质地洁白、甜度较高的糖浆，多用于西点、中点的制作。

  **Bake 16 无盐黄油**

新鲜牛奶的油脂部分，经加工后滤去水分的产物。

 Bake 17 牛奶

用于西点制作，可以替代水，使产品的味道更浓郁。

  **Bake 18 奶油奶酪**

芝士蛋糕的主要原料，呈块状，带有微微的酸味和咸味。

 Bake 19 奶粉

牛奶经过压缩萃取的粉状材料，比一般牛奶的味道更浓郁。

饼干制作常用小工具

想要在家里做出好吃的可爱造型饼干，
到底要准备哪些工具呢？

Tool 1 电动打蛋器

电动打蛋器更方便省力，而且鸡蛋的
打发很困难，必须使用电动打蛋器。

Tool 2 塑料刮板

粘在案板上的饼干坯可以用它铲下
来，它也可以协助我们把整形好的
饼干坯移到烤盘上去，还可以分割
饼干面团哦。

Tool 3 橡皮刮刀

橡皮刮刀是扁平的软质刮刀，适
合用于搅拌面糊。在饼干制作的
粉类和液体类材料混合的过程中
起重要作用，在搅拌的同时，它
可以紧紧贴在碗壁上，把附着在
碗壁的饼干糊刮得干干净净。

擀面杖

擀面杖是面团整形过程中必备的工具，无论是把面团擀圆、擀平、擀长都需要用到哦。

 **电子秤**

在制作烘焙产品的过程中，需要材料克数精准，此时要选择性能良好的电子秤，以保证饼干配方所制作出的产品的口感和风味达到最佳状态。

 油布或油纸

烤盘垫油纸或油布防粘。有时在烤盘上涂油也可起到防粘效果，但使用油布或油纸可免去清洗烤盘的麻烦。

 **裱花袋和裱花嘴**

可用来挤出曲奇面糊，还可以用来装上巧克力液做装饰。裱花袋搭配不同的裱花嘴可以挤出不同的花形。

 饼干模具

在制作造型饼干时必不可少的模具。

饼干制作小技巧

烘焙涉及多种材料、多个环节的处理，
其中除了面团的制作之外，
最主要的就是材料的打发部分，
下面我们将详细介绍基本材料的打发技巧。

鸡蛋的打发

配方： 鸡蛋160克，细砂糖100克

制作步骤： 1.取一个容器，倒入备好的鸡蛋、细砂糖。2.用电动打蛋器中速打发4分钟，使其完全混合。3.再打发片刻至材料完全呈淡黄色膏状即可。

蛋白的打发

配方： 蛋白100克，细砂糖70克

制作步骤： 1.取一个容器，倒入备好的蛋白、细砂糖。2.用电动打蛋器中速打发4分钟，使其完全混合。3.再打发片刻至材料完全呈乳白色膏状即可。

蛋黄的打发

配方： 低筋面粉70克，玉米淀粉55克，蛋黄120克，色拉油55毫升，清水20毫升，泡打粉2克，细砂糖30克

制作步骤： 1.将蛋黄、细砂糖倒入容器中，用手动打蛋器拌匀。2.加入色拉油、清水，搅拌均匀。3.用筛网将玉米淀粉、低筋面粉、泡打粉过筛，放入容器中打发。4.打发至材料完全呈淡黄色膏状即可。

Tips

由于蛋黄不容易打发，需持续3～5分钟的高速打发才能达到较好的效果。

黄油的打发

配方： 黄油200克，糖粉100克，蛋黄15克

制作步骤： 1.取一个容器，倒入备好的糖粉、黄油。2.用电动打蛋器搅拌，打发至食材混合均匀。3.倒入蛋黄，继续打发。4.至材料完全呈淡黄色膏状即可。

Tips

黄油一般冷藏保存，使用时最好在常温中退冰，待用手指可轻压出一个小坑即可。另外，打发的时候要不停地转动电动打蛋器，这样才能打发得更均匀。黄油打发后无论加什么材料，都要分批加入，再一起搅拌均匀。

Part

2

挤出来的简单饼干

制作某些特定造型的饼干时，
需将拌好的材料装入裱花袋，
这样，
只需轻松一挤，
百变造型即出。

分量
4人份

烤箱温度
上火170℃、下火170℃

烤制时间
15分钟

难易度：★★☆

原味挤花曲奇

配方：

无盐黄油115克，糖粉40克，牛奶15毫升，低筋面粉115克

制作步骤：

1. 将无盐黄油放入一个无水无油的干净搅拌盆中，室温软化后，先用电动打蛋器将黄油搅打至蓬松发白。

2. 加入糖粉，搅打至羽毛状。

3. 此时加入牛奶，搅打至牛奶与黄油完全融合。

4. 筛入低筋面粉，按压至无干粉，并搅拌至光滑细腻的状态，加入到放了玫瑰花嘴的裱花袋中。

5. 将裱花袋剪一个1厘米的开口，在铺了油纸的烤盘上，挤出玫瑰花的形状，每个花形曲奇之间要留有2~3厘米的空间。

6. 烤箱预热170℃，烤盘置于烤箱的中层，烘烤15分钟至全熟，拿出后将曲奇凉一凉，即可食用。

Tips

每个挤花饼干的大小要尽量一致，否则烤出的
饼干色泽会不均匀。

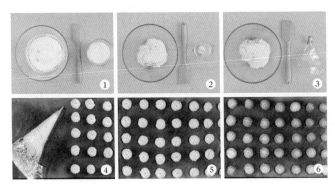

分量
3人份

烤箱温度
上火180℃、下火160℃

烤制时间
17分钟

难易度：★★☆

黄油曲奇

配方：

黄油130克，细砂糖35克，糖粉65克，香草粉5克，低筋面粉200克，鸡蛋1个

扫码看视频

制作步骤：

1. 取一个容器，放入糖粉、黄油，用电动打蛋器打发至乳白色，加入鸡蛋，继续搅拌，再加入细砂糖，搅拌匀，加入备好的香草粉、低筋面粉，充分搅拌均匀。

2. 用刮板将材料搅拌片刻，撑开裱花袋，装入裱花嘴，剪开一个小洞，用刮板将拌好的材料装入裱花袋中。

3. 在烤盘上铺上一张油纸，将裱花袋中的材料挤在烤盘上，挤出自己喜欢的形状制成饼坯。

4. 烤箱预热好，放入装有饼坯的烤盘，关闭好箱门。

5. 将上火调至180℃，下火调至160℃，定时17分钟。

6. 待17分钟后开箱，将烤好的曲奇饼取出，装盘即可。

Tips

挤压裱花袋的时候，用力一定要一致，才能使饼干更漂亮。

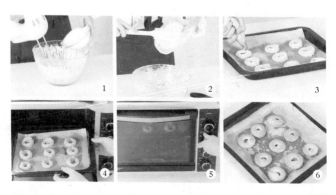

分量
2人份

烤箱温度
上火150℃、下火150℃

烤制时间
25分钟

香草曲奇

配方：

下层饼干体： 无盐黄油128克，细砂糖64克，淡奶油40克，低筋面粉145克，杏仁粉25克；**上层饼干体：** 无盐黄油100克，糖粉53克，香草精适量，淡奶油20克，低筋面粉140克；**装饰：** 白巧克力适量，蔓越莓干少许

制作步骤：

1. 将室温软化的128克无盐黄油加入细砂糖搅拌均匀，倒入40克淡奶油持续搅拌至完全融合。

2. 筛入杏仁粉和145克低筋面粉，用橡皮刮刀翻拌至无干粉状，揉成光滑的面团。

3. 用擀面杖将面团擀成厚度为4毫米的饼干面皮，放入冰箱冷冻30分钟。

4. 取出饼干面皮，用圆形模具在面皮上裁切出圆形饼干坯。

5. 将糖粉和100克无盐黄油倒入搅打盆中，用橡皮刮刀搅拌均匀，加入香草精、20克淡奶油，搅拌均匀。

6. 筛入140克低筋面粉用橡皮刮刀翻拌均匀，成细腻的饼干面糊。

7. 将饼干面糊装入装有圆齿花嘴的裱花袋中，环绕圆形饼干坯挤一圈面糊作为装饰。

8. 放入预热至150℃的烤箱中层烘烤25分钟。

9. 取出冷却后将隔水熔化的白巧克力液装入裱花袋中，挤在饼干中间并放上切碎的蔓越莓干作装饰即可食用。

Tips

烤好的饼干放凉后可放入食品袋中密封保存，
这样不易受潮。

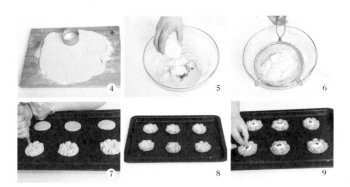

分量
2人份

烤箱温度
上火170℃、下火170℃

烤制时间
15~18分钟

难易度：★★★

M豆燕麦巧克力曲奇

配方：

无盐黄油55克，黄糖糖浆40克，低筋面粉60克，可可粉6克，泡打粉2克，香草精2克，燕麦片25克，彩色巧克力豆25克

制作步骤：

1. 无盐黄油室温软化。

2. 用电动打蛋器将无盐黄油稍搅打后，加入黄糖糖浆。

3. 使用电动打蛋器将黄油打至微微发白、体积膨胀，呈蓬松羽毛状。

4. 加入香草精，搅打均匀，筛网上倒入低筋面粉、可可粉、泡打粉。

5. 将粉类均匀混合过筛，加入到黄油碗中。

6. 用橡皮刮刀翻拌均匀后加入燕麦片，将燕麦片与可可糊混合均匀。

7. 拿一个裱花袋，将燕麦可可糊放入其中，裱花袋的尖处剪出一个直径为0.7厘米的开口。

7

8. 在铺了油纸的烤盘上挤出燕麦可可面糊，以顺时针方向，由外向内划圈，至中心挤满。

8

9. 将彩色巧克力豆按在挤好的面糊上，准备入炉烘烤。

9

10. 烤箱预热170℃，烤盘置于烤箱的中层，烘烤15~18分钟即可。

10

Tips

如果想吃巧克力口味更浓郁的饼干，可以将黄糖糖浆替换成等量的巧克力炼乳，或者是隔水熔化的白巧克力液。同时糖浆的口味也可以更换成焦糖、香草等各种风味。

分量
2人份

烤箱温度
上火170℃、下火170℃

烤制时间
20~25分钟

蜂巢杏仁曲奇

配方：

无盐黄油100克，细砂糖120克，蜂蜜40克，牛奶50毫升，大杏仁140克，香草精1克，低筋面粉140克

制作步骤：

1. 无盐黄油隔热水熔化。

2. 将熔化的无盐黄油放入一个无水无油的搅拌盆中，加入细砂糖，用橡皮刮刀搅拌均匀。

3. 准备一个透明的密封袋，放入大杏仁，用擀面杖将完整的杏仁擀成杏仁碎。

4. 将杏仁碎加入到黄油盆中，翻拌均匀。

5. 加入蜂蜜，搅拌均匀，加入牛奶，搅拌均匀。

6. 最后加入香草精，搅拌至完全融合。

7. 将低筋面粉过筛至搅拌盆里。

8. 用橡皮刮刀切拌至无干粉、面糊光滑细腻的状态。

9. 准备一个裱花袋，将已经搅拌好的光滑的面糊放入其中，剪一个直径为0.8厘米的开口，裱花袋垂直于烤盘，将面糊挤入放了油纸的烤盘中。烤箱预热170℃，烤盘置于烤箱的中层，烘烤20~25分钟即可。

Tips

面糊装入裱花袋时，可以将裱花袋装在一个杯子里套着，倒入面糊，这样面糊就可以轻松装入裱花袋了。

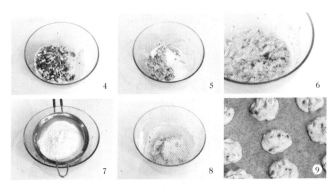

分量
1人份

烤箱温度
上火160℃、下火160℃

烤制时间
25分钟

难易度：★★☆

菊花饼干

配方：

无盐黄油30克，糖粉25克，色拉油20克，水20克，低筋面粉85克，芝士粉5克，奶粉1克，草莓果酱适量

制作步骤：

1. 将已放于室温软化的无盐黄油倒入钢盆中。

2. 再将糖粉过筛至钢盆中，用橡皮刮刀翻拌均匀。

3. 改用电动打蛋器搅打至材料呈乳白色。

4. 先后分两次加入色拉油和水，搅拌至无液状态。

5. 将低筋面粉、芝士粉、奶粉过筛至钢盆中。

6. 翻拌至无干粉的状态。

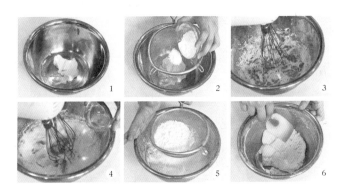

7. 将面糊装入套有裱花嘴的裱花袋中。

8. 取烤盘，铺上油纸，在油纸上挤出大小一致的菊花形面糊。

9. 在菊花面糊中间挤上草莓果酱作为装饰，制成菊花饼干坯。

10. 将烤盘放入已预热至160℃的烤箱中层，烤约25分钟至表面上色，取出烤好的饼干，稍稍冷却即可食用。

菊花饼干可以保存1周左右，当然尽快食用的话，可以吃到最佳的口感。

分量
2人份

烤箱温度
上火150℃、下火150℃

烤制时间
15分钟

难易度: ★★☆

巧克力腰果曲奇

配方:

黄奶油90克，糖粉80克，蛋白60克，低筋面粉120克，可可粉15克，盐1克，腰果碎适量

扫码看视频

制作步骤：

1. 将黄奶油倒入大碗中，加入糖粉，用电动打蛋器搅匀，分两次加入蛋白，快速打发。

2. 倒入低筋面粉、可可粉，搅匀，加入盐，搅拌均匀。

3. 取一个花嘴，装入裱花袋里，用剪刀在裱花袋尖角处剪开一个小口，把面糊装入裱花袋里。

4. 将面糊挤在烤盘上，制成数个曲奇生坯，把腰果碎撒在生坯上。

5. 把生坯放入预热好的烤箱里，关上箱门，以上、下火150℃烤15分钟至熟。

6. 打开箱门，取出烤好的曲奇，装入容器里即可。

Tips

低筋面粉和可可粉最好提前过筛几次，再倒入大碗中搅拌，成品口感会更好。

分量
2人份

烤箱温度
上火170℃、下火170℃

烤制时间
18分钟

浓香黑巧克力曲奇

配方：

无盐黄油80克，玉米糖浆70克，鸡蛋液60克，牛奶20毫升，58%黑巧克力片100克，低筋面粉150克，可可粉12克，入炉巧克力20克

制作步骤：

1. 无盐黄油室温软化，加入玉米糖浆，使用电动打蛋器将其搅打至蓬松羽毛状。

2. 加入鸡蛋液，搅打均匀，加入牛奶，搅打均匀。

3. 将黑巧克力片隔水加热熔化，注意水温不能超过50℃。

4. 将熔化的黑巧克力液一次性加入到无盐黄油中，搅拌均匀后，筛入可可粉。

5. 再一次性筛入低筋面粉。

6. 使用橡皮刮刀大力将粉类与黄油混合均匀。

7. 准备一个裱花袋，将面糊装入其中。

8. 将裱花袋剪出一个直径为0.8厘米的开口，裱花袋微微倾斜，与烤盘呈75°，以划圈的方式，由外向里挤出面糊。

9. 在挤好的曲奇坯上放入炉巧克力，烤箱预热170℃，将烤盘置于烤箱的中层，烘烤18分钟即可。

Tips

如果是白巧克力的话，熔化温度不可以超过45℃。

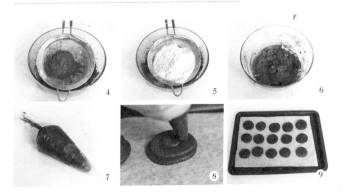

分量
2人份

烤箱温度
上火160℃、下火160℃

烤制时间
18~25分钟

难易度：★★☆

瓦片杏仁曲奇

配方：

蛋白80克，糖粉80克，低筋面粉50克，杏仁片100克，无盐黄油36克

制作步骤:

1. 将蛋白放入一个无水无油的搅拌盆中,加入1/3糖粉,用电动打蛋器搅打至蛋白起大泡。

2. 接着加入1/3糖粉,用电动打蛋器搅打至蛋白的泡变小。

3. 最后一次性加入剩余的糖粉。

4. 搅打至蛋白变硬,富有光泽,也就是硬性发泡的状态。

5. 筛入低筋面粉,使用橡皮刮刀翻拌均匀,至无颗粒细腻的状态。

6. 将无盐黄油隔水熔化成液体。

7. 倒入面糊中，搅拌均匀。

8. 一次性加入所有的杏仁片，充分混合，让面糊包裹每一片杏仁。将完成的面糊装入裱花袋，尖端剪一个直径为1厘米的开口。

9. 裱花袋与烤盘垂直，轻轻挤出面糊，面糊的直径大约为5厘米。

10. 烤箱预热160℃，烤盘置于烤箱中层，烘烤18~25分钟，期间注意观察曲奇上色的状况，随时调节烤箱温度以及烘烤的时间。

如果喜欢杏仁，可以在入炉前，在饼干表面放上些许杏仁片。如果希望饼干更薄，可使用瓦片模具，注入曲奇糊后，用刮板将多余的面糊刮掉，则可得到轻薄酥脆的杏仁曲奇。

分量
3人份

烤箱温度
上火170℃、下火160℃

烤制时间
18分钟

难易度：★★☆

红茶奶酥

配方：

无盐黄油135克，糖粉50克，盐1克，鸡
蛋1个，低筋面粉100克，杏仁粉50克，
红茶粉2克

扫码看视频

制作步骤:

1. 室温软化的无盐黄油中加入糖粉,用橡皮刮刀搅拌均匀,分次倒入鸡蛋液,用手动打蛋器搅拌均匀。

2. 加入杏仁粉,搅拌均匀,加入盐、红茶粉,搅拌均匀。

3. 筛入低筋面粉,搅拌至面糊光滑无颗粒。

4. 裱花袋装上圆齿形裱花嘴,再将面糊装入裱花袋中。

5. 在烤盘上挤出齿花水滴形状的曲奇。

6. 烤箱以上火170℃、下火160℃预热,将烤盘置于烤箱中层,烘烤18分钟即可。

Tips

黄油打发前可以隔80℃的热水稍微软化5分钟。

分量
2人份

烤箱温度
上火170℃、下火160℃

烤制时间
18分钟

香草奶酥

配方：

无盐黄油90克，糖粉50克，盐1克，鸡蛋50克，低筋面粉100克，杏仁粉50克，香草精2克

扫码看视频

制作步骤:

1. 将无盐黄油放在搅拌盆中,用橡皮刮刀压软。

2. 分次倒入鸡蛋,用手动打蛋器搅拌均匀,加入糖粉,搅拌均匀,倒入香草精,搅拌均匀。

3. 加入盐,搅拌均匀。

4. 加杏仁粉搅拌均匀,并筛入低筋面粉,用橡皮刮刀搅拌至无干粉,制成细腻的饼干面糊。

5. 将面糊装入已经装有圆齿形裱花嘴的裱花袋中,在烤盘上挤出爱心的形状。

6. 烤箱以上火170℃、下火160℃预热,将烤盘置于烤箱的中层,烘烤18分钟即可。

烤箱的容积越大,所需的预热时间就越长,
5~10分钟不等。

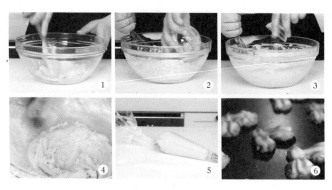

分量
2人份

烤箱温度
上火100℃、下火100℃

烤制时间
45~50分钟

难易度：★ ☆ ☆

蛋白糖脆饼

配方：

蛋白60克，糖粉60克

制作步骤:

1. 将蛋白放入无水无油的搅拌盆中，在蛋白中加入1/3的糖粉，搅打至蛋白起大泡。

2. 再加入1/3的糖粉，搅打至蛋白泡变绵密。

3. 最后加入剩余的糖粉，搅打至蛋白硬性发泡，呈光滑细腻的状态。

4. 在裱花袋中放入齿形花嘴，并剪出一个0.8厘米的口。

5. 往裱花袋中放入打好的蛋白。

6. 可以在烤盘上挤出爱心的花形，或者挤出圆花形，可以根据喜好自行完成。烤箱预热100℃，烘烤45~50分钟即可。

Tips

如果觉得味道比较单调或有腥味，可以在步骤1中加入适量的柠檬汁。

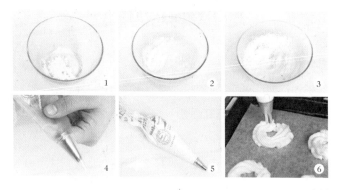

难易度：★★☆

地瓜铜球饼干

配方：

饼干体： 地瓜500克，糖粉30克，蛋黄20克，盐1克，淡奶油50克；**装饰：** 黑芝麻适量

制作步骤：

1. 将煮熟的地瓜碾成泥状，加入糖粉，搅拌均匀。

2. 加入蛋黄，搅拌成均匀的面糊。

3. 加入淡奶油，将面糊搅拌均匀，加入盐，搅拌均匀。

4. 将面糊装入有圆齿花嘴的裱花袋中。

5. 在铺好油纸的烤盘上挤出圆形玫瑰纹的饼干坯。

6. 在饼干坯上面撒上黑芝麻，放进预热至175℃的烤箱中层烘烤12分钟即可。

可以将地瓜蒸熟后再用于接下来的步骤，这样水分更少，成品更加爽脆。

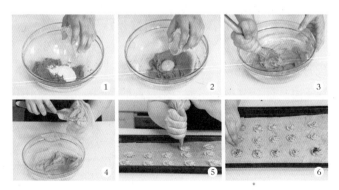

分量
2人份

烤箱温度
上火180℃、下火180℃

烤制时间
13~15分钟

难易度：★★☆

核桃布朗尼饼干

配方：

饼干体：黑巧克力110克，无盐黄油50克，黄砂糖100克，盐2克，鸡蛋2个，低筋面粉160克，泡打粉2克；装饰：核桃适量

制作步骤：

1. 将黑巧克力混合室温软化的无盐黄油，隔水加热，至无盐黄油和黑巧克力熔化，搅拌均匀。注意水温不要超过50℃。

2. 加入黄砂糖，用手动打蛋器搅拌均匀，分两次倒入鸡蛋，每次倒入都需要搅拌均匀。

3. 加入盐和泡打粉，拌匀，筛入低筋面粉，拌匀至无干粉。

4. 将光滑的面糊装入裱花袋，用剪刀剪出约1厘米的开口。

5. 在烤盘上挤出水滴形状的饼干坯，并用整颗的核桃在饼干坯表面装饰。

6. 烤箱预热180℃，将烤盘置于烤箱的中层，烘烤13~15分钟即可。

Tips

还可以在搅拌的过程中加入切碎的核桃碎，风味更好。

分量
2人份

烤箱温度
上火175℃、下火175℃

烤制时间
10分钟

难易度：★★☆

坚果法式薄饼

配方：

饼干体： 无盐黄油85克，糖粉50克，盐0.5克，鸡蛋液25克，香草精3克，低筋面粉85克，杏仁粉45克；**装饰：** 榛果适量，杏仁适量，开心果适量，蛋白少许，巧克力液适量

制作步骤:

1. 将室温软化的无盐黄油充分搅拌,加入糖粉和盐,搅拌均匀,再分次加入鸡蛋液继续搅拌均匀,加入香草精搅拌均匀。

2. 筛入低筋面粉、杏仁粉搅拌均匀,成光滑的面糊。

3. 裱花袋中装上圆齿花嘴,将面糊装入裱花袋。

4. 在铺好油纸的烤盘上挤出长约6厘米的饼干坯。

5. 在饼干坯的表面放上榛果、杏仁、开心果作装饰,并涂上少许蛋白。

6. 烤盘放入预热175℃的烤箱,烘烤约10分钟出炉凉一凉后,在表面装饰少许巧克力液即可。

Tips

榛果、杏仁、开心果也可以换成其他的坚果,
压碎使用更好。

分量
3人份

烤箱温度
上火180℃、下火180℃

烤制时间
10分钟

难易度：★★☆

星星小西饼

配方：

黄奶油70克，糖粉50克，蛋黄15克，低

筋面粉110克，可可粉适量

扫码看视频

制作步骤:

1. 将黄奶油倒入玻璃碗中，加入糖粉，用电动打蛋器快速搅匀，加入蛋黄，搅匀。

2. 倒入低筋面粉，搅拌均匀。

3. 加入可可粉，搅匀，制成饼干糊。

4. 把饼干糊装入套有花嘴的裱花袋里，挤在烤盘中的高温布上，制成饼干生坯。

5. 将生坯放入预热好的烤箱里，关上箱门，以上、下火180℃烤10分钟至熟。

6. 打开箱门，取出烤好的饼干，装入盘中即可。

Tips

饼干生坯不宜过大、过厚，否则不易熟透。

分量
2人份

烤箱温度
上火180℃、下火150℃

烤制时间
15分钟

罗蜜雅饼干

配方：

饼皮： 黄奶油80克，糖粉50克，蛋黄15克，低筋面粉135克；**馅料：** 糖浆30克，黄奶油15克，杏仁片适量

扫码看视频

制作步骤：

1. 将80克黄奶油倒入大碗中，加入糖粉，用电动打蛋器搅匀，加入蛋黄，快速搅匀。

2. 倒入低筋面粉，用长柄刮板搅拌匀，制成面糊，把面糊装入套有花嘴的裱花袋里，待用。

3. 将杏仁片、15克黄奶油、糖浆倒入碗中，用三角铁板拌匀成馅料，装入裱花袋里，备用。

4. 将面糊挤在铺有高温布的烤盘里。

5. 把余下的面糊挤入烤盘里，制成饼坯。

6. 用三角铁板将饼坯中间部位压平，挤上适量馅料。

7. 把饼坯放入预热好的烤箱里。

8. 关上箱门，再以上火180℃、下火150℃烤约15分钟至熟透。

9. 打开箱门，取出烤好的饼干，待饼干放凉至室温，装入盘中即可。

待黄奶油变软后再使用，这样更容易搅拌匀。

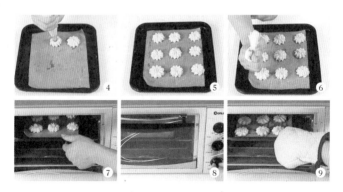

分量
3人份

烤箱温度
上火200℃、下火200℃

烤制时间
5~7分钟

难易度：★ ★ ★

香脆朱力饼

配方：

饼：鸡蛋2个，蛋黄4个，低筋面粉180克，糖粉150克，

盐1茶匙；馅：奶油150克，糖粉30克，朗姆酒10毫升，

盐适量

制作步骤：

1. 将鸡蛋、蛋黄、140克糖粉依次倒入大碗中，加入1茶匙盐，用电动打蛋器快速拌匀，至蛋液起泡。

2. 将低筋面粉用筛网筛入碗中，用长柄刮板将低筋面粉与蛋液搅拌均匀。

3. 把面糊装入裱花袋中，用剪刀将裱花袋的尖端剪去一小截。

4. 在烤盘平铺上一张锡纸，将面糊均匀地挤到烤盘上，用筛网将剩余糖粉均匀地撒在烤盘上。

5. 将烤箱预热，放入烤盘，以上、下火200℃，烤5~7分钟，至其呈金黄色。

6. 将奶油倒入大碗中，加入30克糖粉，用电动打蛋器先慢后快地打发至蓬松。

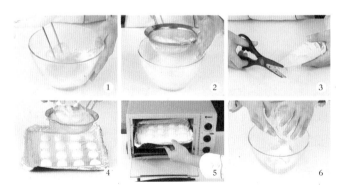

7. 加入少量盐，用电动打蛋器搅拌均匀，倒入朗姆酒，用电动打蛋器快速搅拌均匀。

8. 将烤盘取出，放凉，用勺子将搅打好的奶油均匀地抹在一块饼的表面。

9. 另取一块饼干覆盖在上面，合成一块夹心朱力饼，装入盘中。

10. 将剩下的饼干逐一抹上奶油，制成朱力饼，用筛网将糖粉均匀地撒在饼的表面即可。

在制作蛋液时，蛋液搅拌得越浓稠越好。

刀切出来的酥脆饼干

在很多饼干的制作过程中，

都能见到刀的身影。

一刀刀切下去之时，

一块块饼干坯诞生。

一起来切吧！

分量
2人份

烤箱温度
上火160℃、下火160℃

烤制时间
15分钟

旋涡曲奇

配方：

无盐黄油50克，糖粉25克，盐1克，鸡蛋液20克，低筋面粉100克，泡打粉1克，可可粉8克

制作步骤：

1. 将室温软化的无盐黄油用手动打蛋器搅拌均匀，加入糖粉，搅至均匀无颗粒，倒入鸡蛋液，搅拌均匀，加盐，搅拌均匀，加泡打粉，搅拌均匀。

2. 筛入低筋面粉，用橡皮刮刀按压至无干粉。

3. 将面团分成两份，一份做原味面皮。

4. 另一份面团筛入可可粉，揉成可可面团，做可可面皮。

5. 铺上一层保鲜膜，将可可面团置保鲜膜上，擀成厚度为2毫米的面片。

6. 同样，再铺一层新的保鲜膜，将原味面团放在上面，擀成厚度为2毫米的面片。

7. 将两种面片无保鲜膜的一面相对，均匀叠加在一起。

8. 揭开上层的保鲜膜，拎起下层保鲜膜的一端，将面片卷在一起。卷好的面片放入冰箱冷冻30分钟，至冻硬。

9. 将冻硬的面团切成厚度为3毫米的饼干坯，烤箱预热160℃，饼干坯放入烘烤15分钟即可出炉。

Tips

饼干坯冷冻切片的最佳状态，是摸上去有一点硬，但稍用力感觉能按下去。

分量
3人份

烤箱温度
上火180℃、下火180℃

烤制时间
12～15分钟

奥利奥可可曲奇

配方：

饼干体： 无盐黄油150克，黄砂糖100克，细砂糖20克，盐2克，鸡蛋液50克，低筋面粉195克，杏仁粉30克，泡打粉2克，入炉巧克力35克；**装饰：** 奥利奥饼干碎20克

扫码看视频

制作步骤:

1. 将无盐黄油室温软化,放入搅拌盆中,加入细砂糖,搅拌均匀。

2. 加入黄砂糖,搅拌均匀。

3. 分次倒入鸡蛋液,搅拌均匀,至鸡蛋液与无盐黄油完全融合。

4. 加入盐、泡打粉、杏仁粉,搅拌均匀,加入切碎的入炉巧克力,搅拌均匀,筛入低筋面粉。

5. 用橡皮刮刀搅拌至无干粉,用手轻轻揉成光滑的面团(注意揉的时候不要过度,面团容易出油)。

6. 此时面团较软,需放入冰箱冷冻约15分钟。

7. 拿出后，将面团揉搓成圆柱体，裹上油纸，再次放入冰箱冷冻约15分钟，方便切片操作。

8. 取出面团，在表面撒上奥利奥饼干碎装饰。

9. 将面团切成厚度约4毫米的饼干坯，放在烤盘上。

10. 烤箱预热180℃，将烤盘置于烤箱的中层，烘烤12~15分钟即可。

Tips

提前制作奥利奥饼干碎时，要注意将夹心清除干净，然后充分擀碎，这样口感最佳。

难易度：★★☆

巧克力曲奇

配方：

无盐黄油50克，细砂糖100克，鸡蛋液25克，低筋面粉
150克，可可粉5克

制作步骤:

1. 无盐黄油室温软化，放入干净的搅拌盆中，加入细砂糖，搅拌均匀。

2. 分次倒入鸡蛋液，搅拌均匀，至鸡蛋液与无盐黄油完全融合。

3. 筛入低筋面粉、可可粉，用橡皮刮刀搅拌均匀，用手轻轻揉成光滑的面团。

4. 将面团揉搓成圆柱体，放入冰箱冷冻约30分钟，方便切片操作。

5. 取出，将面团切成厚度约4毫米的饼干坯，放在烤盘上。

6. 烤箱预热180℃，将烤盘置于烤箱的中层，烘烤10~13分钟，取出后凉一凉即可食用。

Tips

可以在烤好的饼干上撒适量芝士碎，这样吃起来会更香。

分量
3人份

烤箱温度
上火150℃、下火150℃

烤制时间
17分钟

难易度：★★☆

彩糖咖啡杏仁曲奇

配方：

饼干体： 无盐黄油80克，糖粉52克，速溶咖啡粉5克，淡奶油25克，低筋面粉130克，杏仁片40克；**装饰：** 彩色糖粒适量

制作步骤:

1. 无盐黄油加糖粉,搅拌均匀;速溶咖啡粉加入淡奶油中,搅拌均匀,做成咖啡奶油。

2. 咖啡奶油筛入到装有无盐黄油的搅拌盆中,筛入低筋面粉,用橡皮刮刀搅拌均匀至无干粉。

3. 加入杏仁片,揉成光滑的面团,再包上保鲜膜。

4. 然后将包好的面团放入长方形饼干模具中,表面压平整,入冰箱冷冻约15分钟,方便切片操作。

5. 取出饼干面团,将其切成厚度约4毫米的饼干坯,放在烤盘上,在每个饼干坯表面撒上彩色糖粒作装饰。

6. 烤箱以上、下火150℃预热,将烤盘置于烤箱的中层,烘烤17分钟即可。

Tips

将脆饼从烤盘上取下时要小心,以免弄碎,破坏饼干的完整性。

分量
2人份

烤箱温度
上火180℃、下火180℃

烤制时间
13分钟

难易度：★ ☆ ☆

海盐小麦曲奇

配方：

无盐黄油40克，黄砂糖40克，盐3克，泡打粉1克，牛奶10克，低筋面粉60克，小麦面粉30克

扫码看视频

制作步骤：

1. 将无盐黄油、牛奶倒入搅拌盆中，用手动打蛋器或者橡皮刮刀搅拌均匀，加入黄砂糖，搅拌均匀，加入小麦面粉，搅拌均匀。

2. 加入泡打粉、盐，搅拌均匀。

3. 筛入低筋面粉，用橡皮刮刀搅拌成无干粉的面团。

4. 将制好的面团放入长方形饼干模具中，入冰箱冷冻约30分钟。拿出长方形饼干模具，取出面团。

5. 将面团切成厚度约5毫米的饼干坯，放在烤盘上。

6. 烤箱以上、下火180℃预热，将烤盘置于烤箱中层，烘烤13分钟即可。

面团在冰箱冷藏后要整形，才能有完美的形状。

分量
2人份

烤箱温度
上火180℃、下火180℃

烤制时间
13~15分钟

难易度：★★☆

夏威夷抹茶曲奇

配方：

低筋面粉110克，细砂糖40克，盐0.5克，
泡打粉1克，鸡蛋液25毫升，无盐黄油60
克，夏威夷果50克，抹茶粉4克

扫码看视频

制作步骤：

1. 先将夏威夷果切碎；将无盐黄油室温软化，放入干净的搅拌盆中，加入细砂糖，搅拌均匀。

2. 倒入鸡蛋液，搅拌均匀，至鸡蛋液与无盐黄油完全融合。

3. 加入切好的夏威夷果碎，搅拌均匀，加入盐和泡打粉，搅拌均匀。

4. 筛入低筋面粉和抹茶粉，搅拌并揉成光滑的面团。

5. 将面团揉搓成圆柱体，用油纸包好，入冰箱冷冻约30分钟。

6. 取出面团，切成厚度约4毫米的饼干坯，放在烤盘上。烤箱预热180℃，将烤盘置于烤箱的中层，烘烤13~15分钟即可。

Tips

可以将夏威夷果切碎后装入保鲜袋，再继续擀至更碎，成品口感会更细腻。

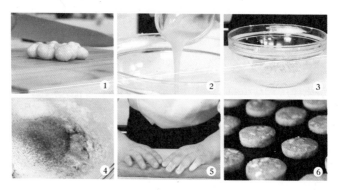

分量
2人份

烤箱温度
上火175℃、下火175℃

烤制时间
15分钟

难易度：★ ★ ☆

南瓜曲奇

配方：

饼干体：无盐黄油65克，糖粉20克，盐1克，蛋黄20克，低筋面粉170克，熟南瓜60克；**装饰：**南瓜子15克

扫码看视频

制作步骤:

1. 将室温软化的无盐黄油和糖粉放入搅拌盆中,用橡皮刮刀搅拌均匀。

2. 加入盐,倒入蛋黄继续搅拌,至材料与无盐黄油完全融合。

3. 加入熟南瓜,用电动打蛋器搅打均匀,筛入低筋面粉,用橡皮刮刀搅拌至无干粉,用手轻轻揉成光滑的面团。

4. 将面团揉搓成圆柱体,再用油纸包好,放入冰箱,冷冻约30分钟。

5. 取出面团,用刀切成厚度约4.5毫米的饼干坯,放在烤盘上。

6. 将南瓜子撒在每个饼干坯的表面,最后放进预热175℃的烤箱中层,烘烤15分钟即可。

Tips

制作过程中的粉类最好都过筛,因为面粉里进了空气,吃起来会更膨松,口感更好。

分量
2人份

烤箱温度
上火175℃、下火175℃

烤制时间
15分钟

难易度：★ ☆ ☆

西瓜双色曲奇

配方：

无盐黄油50克，糖粉25克，盐1克，鸡蛋液20克，低筋面粉100克，抹茶粉适量，香草精适量，黑芝麻少许，红色色素适量

制作步骤：

1. 将无盐黄油、糖粉放入搅拌盆中，用手动打蛋器搅拌均匀。

2. 倒入鸡蛋液，搅拌均匀，再放入盐，倒入香草精，搅拌均匀，筛入低筋面粉，用橡皮刮刀搅拌至无干粉。

3. 分出一半的面团，筛入抹茶粉，揉均匀；另一半面团中加入红色色素，揉均匀。

4. 将两种面团放入冰箱冷冻约30分钟，取出后揉搓成圆柱体，再把绿色面团擀成厚度约3毫米的面片，包在红色面团外面，再将双色面团揉搓成圆柱体。

5. 用刀将面团切成厚度约4.5毫米的饼干坯，放在烤盘上并在表面撒上黑芝麻装饰成小西瓜子。

6. 最后放进预热至175℃的烤箱中层，烘烤15分钟即可。

Tips

可将面团放入冰箱冷冻半小时再切，这样更易成形。

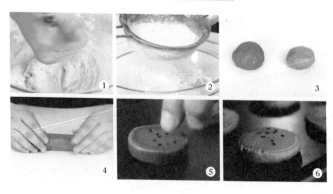

分量
2人份

烤箱温度
上火180℃、下火180℃

烤制时间
12分钟

难易度：★★☆

紫薯蜗牛曲奇

配方：

紫薯面团： 无盐黄油50克，糖粉45克，盐0.5克，淡奶油20克，紫薯40克，杏仁粉10克，低筋面粉40克；**原味面团：** 无盐黄油25克，糖粉25克，淡奶油5克，杏仁粉5克，低筋面粉50克

制作步骤：

1. 将室温软化的50克无盐黄油加入45克糖粉充分搅拌后加入盐，再加入20克淡奶油搅拌均匀。

2. 加入碾成泥的紫薯搅拌均匀，筛入10克杏仁粉和40克低筋面粉用橡皮刮刀翻拌至无干粉的状态，揉成光滑的紫薯面团。

3. 根据步骤1至步骤2的方式制作原味面团。

4. 在面团底部铺保鲜膜，用擀面杖将两种面团擀成厚度为3毫米的饼干面皮，并将两种面皮叠加。

5. 面皮卷成圆筒状，用油纸包好，放进冰箱冷冻1小时左右。

6. 取出将面团切成厚度为3毫米的饼干坯，放置在烤盘上。烤盘放进预热至180℃的烤箱中层烘烤12分钟即可。

紫薯也可以换成红薯、土豆等，味道一样好。

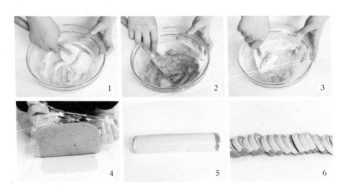

分量
2人份

烤箱温度
上火160℃、下火160℃

烤制时间
15~18分钟

燕麦红莓冷切曲奇

配方：

无盐黄油65克，玉米糖浆60克，鸡蛋1个，即食燕麦片70克，低筋面粉100克，泡打粉1克，红莓干40克

扫码看视频

制作步骤：

1. 将室温软化的无盐黄油放入盆中，倒入玉米糖浆。
2. 用手动打蛋器大力搅拌至糖浆与黄油完全融合，加入鸡蛋搅拌均匀。
3. 加入红莓干，倒入即食燕麦片。

4. 将鸡蛋液、红莓干、即食燕麦片同时搅拌均匀。

5. 筛入低筋面粉、泡打粉。

6. 用橡皮刮刀按压至无干粉，并揉成光滑的面团。

7. 将面团搓成圆柱形，完成后，用油纸包裹，放入冰箱冷冻30分钟至冻硬，方便切片操作。

8. 拿出冻好的面团，进行切片操作，切成厚度为3毫米的饼干坯，置于铺了油纸的烤盘上，整齐罗列，饼干坯间留有空隙。

9. 烤箱预热160℃，将烤盘置于烤箱中层，烘烤15~18分钟即可。

Tips

红莓干可以用朗姆酒浸泡一晚上，切碎一些，这样加入面团中，风味更佳。

分量
2人份

烤箱温度
上火185℃、下火185℃

烤制时间
14分钟

饼干棒

配方：

饼干体： 细砂糖13克，无盐黄油150克，冰水75克，低筋面粉200克，盐1克，蛋黄20克；**装饰：** 食用油10克，细砂糖20克，杏仁片30克

扫码看视频

制作步骤：

1. 将无盐黄油倒入无水油的搅拌盆中，用橡皮刮刀压软。

2. 将细砂糖13克、盐倒入装有无盐黄油的搅拌盆中，并搅拌均匀。

3. 倒入蛋黄搅拌均匀。

4. 倒入冰水持续搅拌至完全融合。

5. 筛入低筋面粉，用橡皮刮刀按压至无干粉的状态。

6. 用手揉搓成一个光滑的饼干面团。

7. 用擀面杖将面团擀成厚度为4毫米的饼干面皮。将面皮切成正方形，再切成细长条状放置在烤盘上。

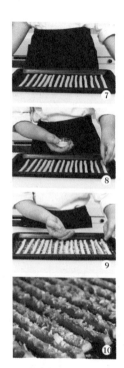

8. 在长条状的饼干坯上刷上食用油，撒上20克细砂糖。

9. 再撒上已剁碎的杏仁片。

10. 烤箱预热至185℃，完毕后将烤盘至于烤箱的中层，烘烤14分钟即可。

Tips

面皮最好修整齐一些，这样切条时，生坯的外形才匀称美观。

分量
2人份

烤箱温度
上火160℃、下火160℃

烤制时间
10分钟

牛奶饼干

配方：

低筋面粉150克，糖粉40克，蛋白15克，黄油25克，淡奶油50克

扫码看视频

制作步骤：

1. 将低筋面粉倒在面板上，掏出一个窝，倒入糖粉、蛋白，在中间搅拌片刻。

2. 加入黄油、淡奶油，将四周的面粉覆盖中间，边搅拌边按压使面团均匀平滑。

3. 将揉好的面团用擀面杖擀平擀薄制成0.3厘米的面片。

1   2   3

4. 用菜刀将面片四周切齐制成长方形的面皮。

5. 用刀将修好的面皮再切成大小一致的小长方形，制成饼干生坯。

6. 去掉多余的面皮，将饼干生坯放入备好的烤盘中。

7. 将烤盘放入预热好的烤箱内，关上烤箱门。

8. 上火调至160℃，下火同样调为160℃，定时10分钟至其熟透定型。

9. 待10分钟后开箱，戴上隔热手套将烤盘取出，将烤好的牛奶饼干装入盘中即可食用。

切的面片最好是按压好了的，以免饼干变形。

分量
2人份

烤箱温度
上火160℃、下火160℃

烤制时间
20分钟

圣诞牛奶薄饼干

配方：

色拉油50毫升，细砂糖50克，肉桂粉2克，纯牛奶45毫升，低筋面粉275克，全麦粉50克，红糖粉125克

扫码看视频

制作步骤：

1. 将低筋面粉、全麦粉、肉桂粉均倒在干净的案台上，用刮板开窝。

2. 倒入细砂糖、纯牛奶，用刮板拌匀。

3. 倒入红糖粉，拌匀，加入色拉油，将材料混合均匀，揉搓成面团。

4. 用擀面杖将面团擀成0.5厘米厚的面皮。

5. 将边缘切齐整，切成方块，再切成小方块。

6. 用叉子在生坯上扎上小孔。

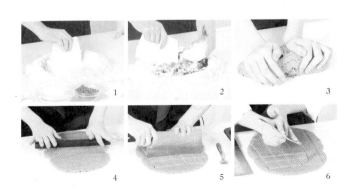

7. 把生坯放在铺有高温布的烤盘上摆好。

8. 把烤箱调为上、下火160℃，预热8分钟，将生坯放入烤箱里。

9. 关上箱门，烤20分钟至熟。

10. 打开箱门，取出烤好的饼干，装入盘中即可。

牛奶不宜加太多，否则饼干生坯不易成形。

分量
2人份

烤箱温度
上火180℃、下火180℃

烤制时间
10~12分钟

海苔脆饼

配方：

中筋面粉100克，细砂糖5克，海盐1克，泡打粉2克，牛奶20克，菜油10克，全蛋液20克，海苔碎适量

扫码看视频

制作步骤：

1. 在搅拌盆内加入过筛的中筋面粉，加入细砂糖。

2. 加入泡打粉及海盐，使用手动打蛋器混合均匀。

3. 在面粉盆中加入鸡蛋液，接着加入牛奶。

4. 最后加入菜油，用橡皮刮刀混合均匀，放入剪碎的海苔。

5. 用手抓匀，并揉成光滑的面团。

6. 使用擀面杖将面团擀成厚度为3毫米的面片。

7. 拿出刮板，将面片切成长方形的薄片。

8. 将饼干坯移到铺了油纸的烤盘上，准备一个叉子，为饼干坯戳上透气孔，防止在烘烤过程中饼干断裂。

9. 预热烤箱180℃，烤盘置于烤箱的中层，烘烤10~12分钟即可出炉。

做该饼干时海苔一定要剪碎一些，如果太大块，烤熟的饼干坯容易断裂，且口感不佳。

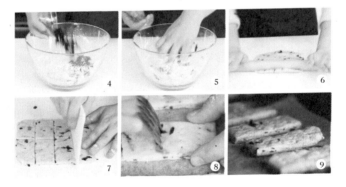

分量
2人份

烤箱温度
上火180℃、下火180℃

烤制时间
10~12分钟

难易度：★★☆

葱香三角饼干

配方：

中筋面粉100克，细砂糖5克，盐3克，泡打粉2克，牛奶20克，菜油10克，全蛋液20克，香葱适量

扫码看视频

制作步骤：

1. 准备一个干净的无水无油的搅拌盆，加入过筛的中筋面粉，加入细砂糖。

2. 再加入盐、泡打粉，使用手动打蛋器将粉类快速搅拌，混合均匀。

3. 加入全蛋液，加入菜油。

4. 最后加入牛奶。

5. 用橡皮刮刀翻拌至液体与粉类完全融合。

6. 用手揉搓面团，将面团压实。

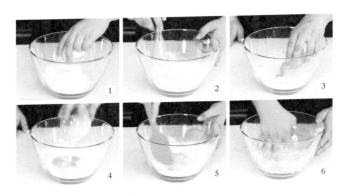

7. 此时加入香葱。

8. 将香葱与面团混合在一起，保证分布均匀。

9. 将面团擀成厚度约为3毫米的面片。

10. 将面片切成三角的形状，此时烤箱预热180℃，用刮板将面片移动到铺了油纸的烤盘上，烤盘置于烤箱的中层，烘烤10~12分钟即可。

 Tips

饼干的造型可以根据喜好改变，重点是每块饼干的大小与厚度要均匀。

分量
2人份

烤箱温度
上火170℃、下火160℃

烤制时间
15分钟

难易度：★★☆

椰子脆饼

配方：

低筋面粉120克，椰子粉60克，细砂糖50克，盐1克，鸡蛋液25克，无盐黄油60克，香草精3克

扫码看视频

制作步骤：

1. 将无盐黄油放入搅拌盆中，用橡皮刮刀压软，倒入鸡蛋液、香草精，每倒入一样都需要搅拌均匀。

2. 加入细砂糖，搅拌均匀，加入盐、椰子粉，每加入一样东西都需要搅拌均匀。

3. 筛入低筋面粉，用橡皮刮刀搅拌至无干粉，用手轻轻揉成光滑的面团。

4. 用擀面杖将面团擀成厚度约4毫米的面片。

5. 先将面片切成方形，再将方形面片切成正方形的饼干坯。

6. 用叉子在饼干坯上戳出透气孔，烤箱以上火170℃、下火160℃预热，将烤盘置于烤箱的中层，烘烤15分钟即可。

将面团擀成面皮时，因为面积比较大，可以直接放烤盘上擀开后切割。

分量
3人份

烤箱温度
上火180℃、下火180℃

烤制时间
12分钟

黄豆粉饼干

配方：

饼干体： 无盐黄油60克，糖粉60克，盐0.5克，鸡蛋（搅散）25克，香草精3克，黄豆粉40克，低筋面粉110克，杏仁粉30克，面粉少许；**装饰：** 黄豆粉20克

制作步骤：

1. 将无盐黄油倒入搅拌盆里，用橡皮刮刀搅拌几下，倒入糖粉，搅拌均匀。

2. 倒入盐，搅拌均匀。

3. 倒入鸡蛋（搅散），用手动打蛋器搅拌均匀。

4. 加入香草精继续搅拌。

5. 筛入40克黄豆粉搅拌均匀。

6. 筛入低筋面粉和杏仁粉用橡皮刮刀搅拌均匀，揉成光滑的面团。

7. 在面团上撒一些面粉，用擀面杖将面团擀成约2厘米厚的饼干面皮，再切成小方块饼干坯。

8. 将饼干坯放在铺好油纸的烤盘上，放进预热至180℃的烤箱中烘烤12分钟。

9. 放凉后在表面筛一层黄豆粉装饰即可。

切面皮的时候不要拖动，以免破坏形状。

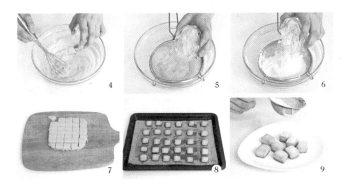

分量
2人份

烤箱温度
上火175℃、下火175℃

烤制时间
8~10分钟

难易度：★★☆

豆腐饼干

配方：

豆腐25克，糖粉20克，鸡蛋液50克，盐2克，低筋面粉60克，泡打粉1克

制作步骤：

1. 用纱布包裹豆腐，将豆腐内的多余水分沥出，并将豆腐捣烂备用。

2. 将鸡蛋液放入搅拌盆中，加入糖粉，翻拌均匀。

3. 加入盐，拌匀，再加入捣烂的豆腐。

4. 筛入低筋面粉，再筛入泡打粉，切拌至无干粉，揉成光滑的面团。

5. 在案板上铺油纸，将面团放在上面。

6. 用擀面杖将面团擀成厚度为2毫米的薄片。

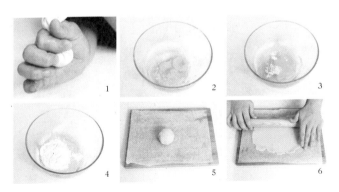

7. 去除多余的边角，将面片整成方形。

8. 切成长方形的条状饼干坯。

9. 每个饼干坯之间留出2~3厘米的空隙，并用小叉子为饼干坯戳上透气孔。

10. 将油纸放入烤盘，烤箱预热175℃，放入烤盘烘烤8~10分钟即可。

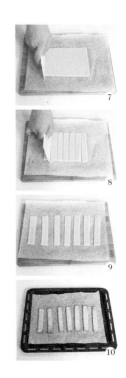

为了让作品更美观，还可以在饼干上装饰上花纹。

分量
2人份

烤箱温度
上火150℃、下火150℃

烤制时间
30分钟

难易度：★★☆

焦糖核桃饼干

配方：

饼干体：无盐黄油100克，细砂糖40克，鸡蛋（搅散）15克，低筋面粉120克，杏仁粉40克，盐2克；**焦糖核桃**：无盐黄油80克，细砂糖40克，淡奶油40克，蜂蜜40克，核桃100克

制作步骤：

1. 将室温软化的100克无盐黄油放入搅拌盆中，加入40克细砂糖，拌匀，加入鸡蛋，拌匀，筛入低筋面粉、杏仁粉、盐，拌匀，揉成光滑的面团并放入冰箱冷藏30分钟。

2. 取出面团，用擀面杖将面团擀成厚度为4毫米的面皮。

3. 将面皮放在铺好油纸的烤盘上，用小叉子戳上透气孔。

4. 将烤盘置于已预热至150℃的烤箱中层，烤15分钟后成饼底。

5. 将80克无盐黄油和40克细砂糖煮至微微焦黄，加入淡奶油和蜂蜜，再加入核桃搅拌均匀，放在饼底上，再抹平。

6. 放入烤箱中层，再烘烤15分钟，取出切成正方形即可。

Tips

因为不同烤箱对温度的把控不同，烤制时要以具体情况为准，烤至饼干表面呈金黄色即可。

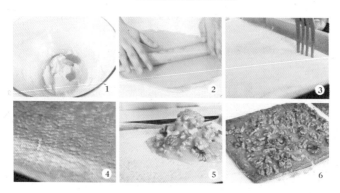

分量
2人份

烤箱温度
上火180℃、下火180℃

烤制时间
12分钟

蔓越莓杏仁棒

配方：

无盐黄油60克，细砂糖60克，盐0.5克，鸡蛋（搅散）25克，香草精3克，杏仁片30克，蔓越莓干40克，低筋面粉110克，杏仁粉30克，面粉适量

制作步骤：

1. 将室温软化的无盐黄油倒入搅打盆里用橡皮刮刀搅拌均匀，再倒入细砂糖和盐继续搅拌均匀。

2. 倒入鸡蛋（搅散）搅拌均匀，加入香草精继续搅拌。

3. 倒入烤香的杏仁片（以160℃烘烤5分钟即可）和蔓越莓干稍微搅拌一下，筛入低筋面粉、杏仁粉，用橡皮刮刀翻拌均匀，揉成光滑的面团。

4. 在面团上撒一些面粉，将面团擀成约2毫米厚的面皮。

5. 将面皮切成长条状放在铺好油纸的烤盘上。

6. 放进预热至180℃的烤箱中层烘烤12分钟即可。

把蔓越莓干换成葡萄干，成品将别具风味。

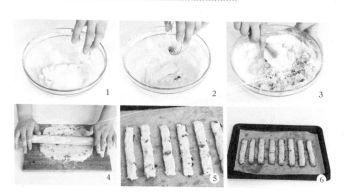

分量
2人份

烤箱温度
上火170℃、下火170℃

烤制时间
15分钟

橄榄油原味香脆饼

配方：

全麦粉100克，橄榄油20毫升，盐2克，苏打粉1克，水45毫升

制作步骤：

1. 将全麦粉倒在案台上，用刮板开窝。

2. 倒入苏打粉，加入盐，拌匀，加入水、橄榄油，搅匀。

3. 将材料混合均匀，揉搓成面团。

1   2   3

4. 用擀面杖把面团擀成0.3厘米厚的面皮。

5. 再用刀把面皮切成长方形的饼坯。

6. 用叉子在饼坯上扎小孔，去掉多余的面皮。

7. 把饼坯放入铺有高温布的烤盘中。

8. 将烤盘放入烤箱，以上、下火170℃烤15分钟至熟。

9. 取出烤好的香脆饼，装入盘中即可。

可以在饼干生坯上撒少许葱花，这样烤出来的
饼干口感更佳。

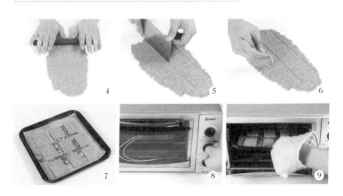

分量
2人份

烤箱温度
上火200℃、下火200℃

烤制时间
11分钟

难易度：★★☆

芝麻苏打饼干

配方：

酵母3克，水70毫升，低筋面粉150克，盐2克，苏打粉2克，黄奶油30克，白芝麻、黑芝麻各适量

制作步骤：

1. 将低筋面粉、酵母、苏打粉、盐倒在面板上，充分混匀。

2. 在中间掏一个窝，倒入备好的水，用刮板搅拌使水被吸收。

3. 加入黄奶油、黑芝麻、白芝麻，一边翻搅一边按压。

4. 将所有食材混匀制成平滑的面团，在面板上撒上些许干粉，放上面团，用擀面杖将面团擀制成厚度为0.1厘米的面皮。

5. 用菜刀将面皮四周不整齐的地方修掉。

6. 将其切成大小一致的长方片并放入烤盘。

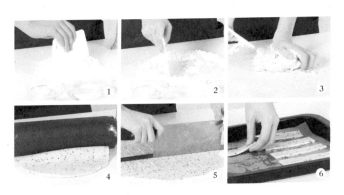

7. 用叉子依次在每个面片上戳上装饰花纹。

8. 将烤盘放入预热好的烤箱内，关上烤箱门。

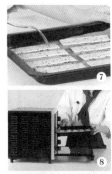

9. 上火温度调为200℃，下火调为200℃，时间定为10分钟至饼干松脆。

10. 待10分钟过后，戴上隔热手套将烤盘取出放凉，将烤好的饼干装入盘中，即可食用。

Tips

芝麻可以干炒片刻再放入，烤出的饼干会更香。

分量
2人份

烤箱温度
上火170℃、下火170℃

烤制时间
35分钟

难易度：★★☆

豆浆榛果布朗尼脆饼

配方：

亚麻籽油30毫升，枫糖浆30克，豆浆30毫升，盐0.5克，低筋面粉75克，可可粉15克，泡打粉1克，苏打粉0.5克，榛果碎15克

制作步骤:

1. 将亚麻籽油、枫糖浆、豆浆、盐倒入搅拌盆中,用手动打蛋器将材料搅拌均匀。

2. 将低筋面粉、可可粉、泡打粉、苏打粉过筛至搅拌盆里。

3. 用橡皮刮刀翻拌至无干粉的状态,倒入榛果碎。

4. 用橡皮刮刀将材料翻拌均匀制成面团。

5. 将面团放在铺有油纸的烤盘上,用手按压成长条状的块。放入已预热至170℃的烤箱中层,烤25分钟,取出。

6. 待脆饼放至表面有余温时,用刀切成大小一致的块,放回油纸上。再将烤盘放入已预热至170℃的烤箱中层,烤约10分钟即可。

Tips

可以加入少量的橙皮丁,饼干更有风味。

分量
2人份

烤箱温度
上火180℃、下火180℃

烤制时间
20分钟

豆浆肉桂碧根果饼干

配方：

亚麻籽油30毫升，枫糖浆30克，豆浆28毫升，肉桂粉1克，香草精2克，盐1克，低筋面粉90克，泡打粉1克，碧根果粉10克，碧根果碎15克

116

制作步骤：

1. 将亚麻籽油、枫糖浆、豆浆、肉桂粉、香草精、盐倒入搅拌盆中，用手动打蛋器将材料搅拌均匀。

2. 将低筋面粉、碧根果粉、泡打粉过筛至搅拌盆里，用橡皮刮刀翻拌均匀。

3. 倒入碧根果碎，继续翻拌成面团。

4. 取出面团放在铺有油纸的烤盘上，轻轻揉搓成圆柱状。

5. 将烤盘放入已预热至180℃的烤箱中层，烤约10分钟后取出。

6. 待烤好的面团放至表面有余温时，用刀切成大小一致的块，再将烤盘放入已预热至180℃的烤箱中层，烤约10分钟即可。

Tips

如果完全放凉再切，饼干很容易破碎。

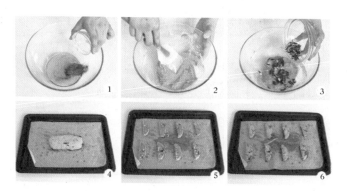

分量
2人份

烤箱温度
上火175℃，下火175℃

烤制时间
15分钟

意式可可脆饼

配方：

无盐黄油50克，细砂糖70克，盐1克，鸡蛋1个，低筋面粉200克，杏仁粉50克，泡打粉2克，牛奶30克，入炉巧克力50克，可可粉15克

扫码看视频

制作步骤:

1. 入炉巧克力切碎备用。

2. 将室温软化的无盐黄油放入搅拌盆中,用电动打蛋器搅打一下,再加入细砂糖,搅打至蓬松发白,倒入鸡蛋、牛奶,每倒入一样都需要搅打均匀。

3. 筛入低筋面粉、杏仁粉、可可粉、泡打粉,用橡皮刮刀搅拌至无干粉,加入入炉巧克力碎和盐,用手轻轻揉成光滑的面团。

4. 将面团揉搓成圆柱体,包上油纸,放入冰箱冷冻约30分钟。

5. 取出面团,用刀切成约4.5毫米厚的饼干坯,放在烤盘上。

6. 将烤盘置于已预热至175℃的烤箱中层,烤15分钟即可。

Tips

也可以将无盐黄油装入碗中,隔40℃的热水快
速搅拌至熔化。

分量
2人份

烤箱温度
上火180℃、下火180℃

烤制时间
20~22分钟

意大利浓香脆饼

配方：

杏仁粉15克，细砂糖30克，可可粉8克，泡打粉1克，低筋面粉40克，杏仁片15克，黑巧克力15克，鸡蛋液30克，无盐黄油5克，香草精1克，彩色糖珠适量，牛奶巧克力适量

制作步骤：

1. 在搅拌盆中加入杏仁粉、细砂糖。

2. 筛入可可粉和泡打粉，再筛入低筋面粉。

3. 用橡皮刮刀将粉类混合均匀。

4. 加入杏仁片，再加入黑巧克力碎。

5. 将鸡蛋液加入到面粉盆中，再加入香草精，最后加入隔水加热熔化的无盐黄油，用橡皮刮刀将液体与粉类混合均匀，可可面团完成。

6. 将面团整成饼的状态，厚约2厘米。

7. 隔热水熔化牛奶巧克力备用。

8. 将面饼放在铺了油纸的烤盘上，烤箱预热180℃，放入烤盘烤20~22分钟，出炉后趁热将饼干切成条状。

9. 饼干条前端沾些许牛奶巧克力液，并撒上彩色糖珠，待脆饼凉透，即可食用。

该款饼干的口感有一些类似布朗尼，微苦。可以配合牛奶食用，风味更佳。

分量
2人份

烤箱温度
上火170℃、下火170℃

烤制时间
15分钟

难易度: ★★☆

猕猴桃小饼干

配方:

低筋面粉275克,黄奶油150克,糖粉100克,鸡蛋50克,抹茶粉8克,可可粉5克,吉士粉5克,黑芝麻适量

扫码看视频

制作步骤:

1. 把低筋面粉倒在案台上,用刮板开窝,倒入糖粉,加入鸡蛋,搅匀,加入黄奶油,将材料混合均匀,揉搓成面团,把面团分成三份。

2. 取其中一个面团,加入吉士粉,揉搓匀,取另一个面团,加入可可粉,揉搓均匀,将最后一个面团加入抹茶粉,揉搓匀。

3. 将吉士粉面团搓成条状。

4. 把抹茶粉面团擀成面皮,放入吉士粉面条,卷好。

5. 再裹上保鲜膜,放入冰箱,冷冻2小时至定型。

6. 取出冻好的面条,撕去保鲜膜,把可可粉面团擀成面皮。

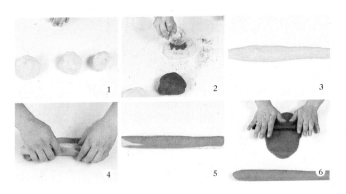

7. 可可粉面皮中放入冻好的面条，裹好，制成三色面条，裹上保鲜膜，放入冰箱，冷冻2小时至定型。

8. 取出冻好的面条，撕去保鲜膜，再切成厚度均等的饼坯。

9. 把饼坯放入铺有高温布的烤盘里，在饼坯中心点缀上适量黑芝麻。

10. 将烤盘放入烤箱，以上、下火170℃烤15分钟至熟，取出烤好的饼干，装入盘中即可。

Tips

揉搓材料时不需要过分用力，以免面团过硬，影响口感。

分量
2人份

烤箱温度
上火180℃、下火180℃

烤制时间
30分钟

难易度：★★☆

林兹挞饼干

配方：

无盐黄油86克，糖粉65克，鸡蛋液11克，低筋面粉90克，

杏仁粉64克，草莓果酱100克

制作步骤：

1. 将室温软化的无盐黄油和糖粉拌匀，用电动打蛋器打匀。

2. 倒入鸡蛋液，搅打均匀，筛入低筋面粉、杏仁粉，用橡皮刮刀翻拌均匀，成光滑的面糊。

3. 取正方形的烤模，将200克面糊放入烤模中。

4. 草莓果酱装入裱花袋中，剪一个小口挤在面糊的表层，然后用橡皮刮刀抹平。

5. 将剩余的面糊装入裱花袋中，在草莓果酱层之上挤出网状面糊。

6. 烤模置于烤盘上，放入预热至180℃的烤箱中，烘烤约30分钟，取出将林兹挞放凉，脱模切块即可食用。

Tips

饼干中可以加任意时令果酱。如果时间充裕，
也可以自己动手制作。

分量
2人份

烤箱温度
上火175℃、下火175℃

烤制时间
10～12分钟

难易度：★★☆

牛轧糖饼干

配方：

饼干体： 无盐黄油100克，糖粉70克，盐1克，低筋面粉170克，杏仁粉30克，鸡蛋液25克；**牛轧糖糖浆：** 淡奶油100克，麦芽糖40克，细砂糖55克，无盐黄油30克，夏威夷果90克

制作步骤：

1. 将室温软化的100克无盐黄油加入糖粉和盐搅拌均匀，筛入低筋面粉和杏仁粉，用橡皮刮刀翻拌至无干粉的状态。

2. 倒入鸡蛋液继续搅拌均匀，揉成光滑的面团，用擀面杖将面团擀成约5毫米厚的面皮。

3. 用大圆形饼干模具裁切出圆形面皮，再用小圆形饼干模具将中间镂空，裁切下的面皮可以反复使用。

4. 锅里加入淡奶油、麦芽糖、细砂糖，搅拌均匀。

5. 再加入30克无盐黄油，煮至浓稠状态后加入捣碎的夏威夷果，即成牛轧糖糖浆。

6. 将牛轧糖糖浆倒在面皮镂空处，放进预热至175℃的烤箱中层烘烤10~12分钟即可。

Tips

入炉前如果希望饼干颜色更深，可以在表面涂抹一层鸡蛋液，以达到想要的效果。

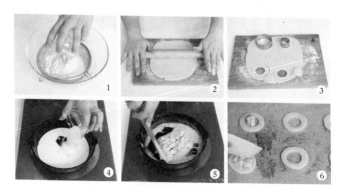

分量
3人份

烤箱温度
上火150℃、下火150℃

烤制时间
16分钟

難易度：★★☆

白巧克力双层饼干

配方：

上层饼干体： 无盐黄油75克，细砂糖40克，白巧克力25克，淡奶油20克，低筋面粉140克；**下层白巧克力：** 白巧克力60克

制作步骤:

1. 将室温软化的无盐黄油和细砂糖先用橡皮刮刀搅拌均匀,再用电动打蛋器搅打至蓬松发白状。

2. 将25克白巧克力隔水加热熔化成液体状态,加入装有无盐黄油的碗中,分次倒入淡奶油,搅打均匀。

3. 筛入低筋面粉用橡皮刮刀翻拌均匀,揉成光滑的面团。

4. 将面团揉成圆柱状,包上油纸,放入冰箱冷冻30分钟,取出用刀切成厚度为4毫米的饼干坯,摆在烤盘上。

5. 将烤盘放入预热至150℃的烤箱中层,烘烤约16分钟取出冷却。

6. 在迷你玛芬模具中挤入60克熔化的白巧克力液,再把冷却后的饼干放进模具中,放入冰箱冷藏至白巧克力凝固后取出即可。

4

手揉出来的喷香饼干

手不仅是用来揉面团的，
它还可以用来做出不同造型的饼干。
不需要借助于身外之物，
仅凭双手就可以轻松挑战各类造型的饼干坯。
在本章，你可以用双手揉出一个饼干世界！

分量
2人份

烤箱温度
上火170℃、下火170℃

烤制时间
15分钟

难易度：★☆☆

可爱的多多

配方：

低筋面粉150克，蛋黄25克，可可粉40克，糖粉90克，黄油90克，巧克力豆适量

扫码看视频

制作步骤：

1. 将低筋面粉、可可粉倒在面板上，用刮板搅拌均匀，在搅拌好的材料中掏一个窝，倒入糖粉、蛋黄，将其搅拌均匀。

2. 加入黄油，一边搅拌一边按压，将食材充分搅拌均匀。

3. 将揉好的面团搓成条，取一块揉成圆球。

4. 将揉好的圆面团依次粘上巧克力豆放入备好的烤盘内，轻轻按压一下成饼状。将剩余的面团依此方法制成饼坯。

5. 将装有饼坯的烤盘放入预热好的烤箱内，将上火温度调为170℃，下火也同样调为170℃，时间定为15分钟。

6. 待15分钟后，戴上隔热手套将烤盘取出，待饼干放凉后将其装入盘中即可食用。

Tips

加入黄油后可以将黄油用刮板戳散再按压，会更好揉匀。

135

分量
2人份

烤箱温度
上火180℃、下火180℃

烤制时间
20分钟

浓咖啡意大利脆饼

配方：

低筋面粉100克，杏仁35克，鸡蛋1个，细砂糖60克，黄油40克，泡打粉3克，咖啡粉3克，热水5毫升

扫码看视频

制作步骤：

1. 将低筋面粉倒在案板上，撒上泡打粉，拌匀，开窝。

2. 倒入细砂糖和鸡蛋，搅散蛋黄。

3. 将热水倒入备好的咖啡粉中，加入黄油，慢慢搅拌一会儿，再揉搓匀。

4. 撒上杏仁，用力地揉一会儿，至材料成纯滑的面团，静置一会儿，待用。

5. 取面团，搓成椭圆柱状，切成数个剂子。

6. 烤盘上铺上一张大小合适的油纸，摆上剂子，平整地按压几下，成椭圆形生坯。

7. 烤箱预热，放入烤盘，关好烤箱门，以上、下火180℃的温度烤约20分钟，至食材熟透。

8. 断电后取出烤盘，最后把成品摆放在盘中即可。

Tips

制作此款西饼时，也可将杏仁碾碎后再使用，这样成品的口感更好。

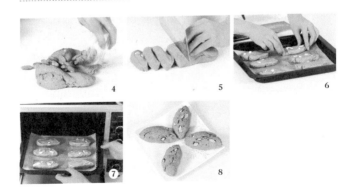

分量
2人份

烤箱温度
上火160℃、下火160℃

烤制时间
10~12分钟

难易度：★★☆

咖啡蘑菇造型曲奇

配方：

无盐黄油80克，细砂糖60克，低筋面粉120克，咖啡粉8
克，牛奶30克，58%黑巧克力片40克，彩色糖粒适量

制作步骤：

1. 无盐黄油室温软化，用电动打蛋器稍打一下，至蓬松发白，加入细砂糖，搅打均匀，至蓬松羽毛状。

2. 牛奶加热倒入咖啡粉中，搅拌均匀。

3. 将咖啡溶液加入到无盐黄油碗中，用电动打蛋器搅打均匀。

4. 筛入低筋面粉，将粉类和黄油搅拌至无颗粒、光滑细腻的状态。

5. 将咖啡面糊装入套有圆形裱花嘴的裱花袋中。

6. 裱花袋剪开一个1厘米的口子，将花嘴推出，准备完毕。

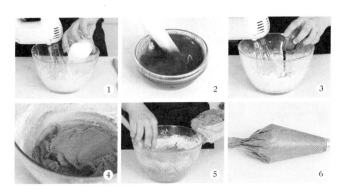

7. 在铺了油纸的烤盘上挤出咖啡蘑菇柄，此时烤箱预热160℃。

8. 准备一盆热水，水温不超过50℃，将黑巧克力片放入其中，隔水熔化成巧克力液。

9. 烤箱预热完毕，将烤盘置于烤箱的中层，以160℃烘烤10~12分钟，拿出晾凉。

10. 将饼干的一头蘸上黑巧克力液，在表面撒少许彩色糖粒，即可食用。

Tips

糖粒不要用蘸的方式，因为这样会使巧克力表面变得凹凸不平，且糖粒会变得很脏，造型上不美观。

分量
3人份

烤箱温度
上火180℃、下火180℃

烤制时间
13分钟

>———< 难易度：★★☆ >———<

咖啡坚果奶酥

配方：

饼干体：糖粉60克，无盐黄油80克，牛奶20毫升，低筋面粉120克，速溶咖啡粉8克；**装饰**：黑巧克力40克，杏仁适量

制作步骤：

1. 将无盐黄油和糖粉用橡皮刮刀或手动打蛋器搅拌均匀。将速溶咖啡粉加入牛奶中，充分搅拌至完全溶解，倒入装有无盐黄油的搅拌盆中，搅拌均匀。

2. 筛入低筋面粉，搅拌至无干粉，用手轻轻揉成光滑的面团。

3. 将面团分成每个20克的饼干坯，揉圆后搓成约7厘米的长条，摆入烤盘。

4. 烤箱预热180℃，将烤盘置于烤箱的中层，烤13分钟。

5. 将杏仁切碎，黑巧克力隔温水熔化。取出烤好的饼干，在饼干的一头蘸上巧克力液。

6. 然后在表面粘上些许杏仁碎即可。

Tips

饼干的薄厚比大小更重要，越薄的饼干越容易烤过火。

分量
3人份
烤箱温度
上火180℃、下火180℃
烤制时间
12~15分钟

难易度: ★★☆

全麦薄饼

配方:

全麦面粉150克,黄砂糖60克,盐1克,

泡打粉1克,牛奶30克,无盐黄油60克

扫码看视频

制作步骤：

1. 将室温软化的无盐黄油放入搅拌盆中，用橡皮刮刀压软，加入黄砂糖，搅拌均匀，倒入牛奶，搅拌均匀。

2. 加入盐、泡打粉，用手动打蛋器搅拌均匀。

3. 加入全麦面粉，用橡皮刮刀搅拌至无干粉，用手轻轻揉成光滑的面团。

4. 用擀面杖将面团擀成厚度约4毫米的面片。

5. 用圆形模具，压出饼干坯，摆入烤盘。

6. 烤箱预热180℃，将烤盘置于烤箱的中层，烘烤12~15分钟即可。

Tips

如果想要更加膨松的口感，可以适量增加一点泡打粉。

双色拐杖饼干

配方：

无盐黄油50克，糖粉35克，鸡蛋液20克，低筋面粉100克，红色色素适量

制作步骤：

1. 无盐黄油室温软化，加入糖粉，用橡皮刮刀混合均匀。
2. 加入一半的鸡蛋液。
3. 搅匀后，再加入剩余的鸡蛋液，使无盐黄油与鸡蛋液充分混合。

4. 拿出一个小碗，将一半的无盐黄油与鸡蛋液的混合液舀出，并各筛入50克低筋面粉。

5. 分别揉成光滑的面团，其中一个面团加入红色色素。

6. 将两份面团分成每个重量为10克的小面团。

7. 将分好的两个颜色的面团都搓成小条。

8. 将两种颜色的面条两两像卷麻花一样卷起，并摆成拐杖的形状，放入烤盘。

9. 烤箱预热170℃，将烤盘置于烤箱的中层，烘烤15~18分钟，完毕后在烤箱内放置15~20分钟，出炉凉一凉即可食用。

可以用红曲米煮出红色液体，加入到面团里面，揉搓均匀即可。

分量
2人份

烤箱温度
上火160℃、下火160℃

烤制时间
15分钟

难易度：★★☆

香酥花生饼

配方：

低筋面粉160克，鸡蛋1个，苏打粉5克，黄油100克，花生酱100克，细砂糖80克，花生碎适量

制作步骤:

1. 往案台上倒上低筋面粉、苏打粉,用刮板拌匀,开窝。

2. 加入鸡蛋、细砂糖,稍稍拌匀。

3. 放入黄油、花生酱。

4. 刮入面粉,混合均匀。

5. 将混合物搓揉成一个纯滑的面团。

6. 逐一取适量面团,揉圆制成生坯。

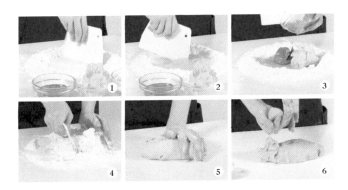

7. 将生坯均匀粘上花生碎。

8. 烤盘垫一层高温布，将粘好花生碎的生坯放在烤盘里，每个用手按压一下，成圆饼状。

9. 将烤盘放入烤箱中，以上、下火160℃烤15分钟至熟。

10. 取出烤盘，将烤好的饼干装盘即可。

若没有低筋面粉，可以用黑麦粉替代，这样烤出来颜色会更浓郁。

分量
3人份

烤箱温度
上火180℃、下火180℃

烤制时间
20分钟

难易度：★★☆

无花果燕麦饼干

配方：

饼干体： 亚麻籽油30毫升，蜂蜜30克，盐0.5克，碧根果粉15克，燕麦粉35克，低筋面粉50克，泡打粉1克；**装饰：** 半干无花果适量

制作步骤:

1. 将亚麻籽油、蜂蜜、盐倒入搅拌盆,用手动打蛋器将材料搅拌均匀。

2. 将碧根果粉、燕麦粉倒入搅拌盆中,用手动打蛋器搅拌均匀。

3. 将低筋面粉、泡打粉过筛至搅拌盆中,用橡皮刮刀翻拌至无干粉,成光滑的饼干面团。

4. 将饼干面团分成每个重量约20克的小面团,搓成圆形。

5. 将圆形小面团压扁后放在铺有油纸的烤盘上,再将半干无花果按压进面团里,即成饼干坯。

6. 将烤盘放入预热至180℃的烤箱中层,烤20分钟即可。

Tips

如果怕干、喜欢黏软类似软糕的口感,可以适量加入一点糖油。

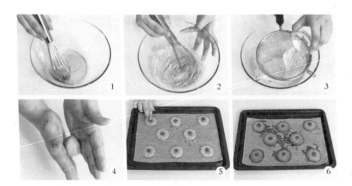

难易度：★★☆

花样坚果饼干

配方：

饼干体：无盐黄油70克，花生酱30克，糖粉100克，盐1克，蛋黄40克，低筋面粉120克，杏仁粉50克，可可粉10克，牛奶15克；**装饰：**蛋白30克，核桃碎40克，杏仁、草莓酱各适量

制作步骤:

1. 将无盐黄油和花生酱放入搅拌盆中,搅打均匀。

2. 加入糖粉和盐,搅拌均匀,倒入蛋黄、牛奶,每倒入一样都需要搅拌均匀。

3. 加入低筋面粉、杏仁粉、可可粉,用橡皮刮刀拌至无干粉,揉成光滑的面团,包上保鲜膜,放入冰箱冷藏1小时。

4. 取出后将面团分成每个15克的饼干坯,揉圆备用。

5. 将面团压扁,取杏仁放在表面,或者蘸上蛋白、裹上核桃碎作装饰。

6. 将烤盘置于已预热至180℃的烤箱中层,烘烤15分钟即可,取出后可在裹上核桃碎的饼干中心装饰草莓酱。

Tips

一定要保证面团冷藏的时间,太早或太晚拿出来,均会影响成品的口感。

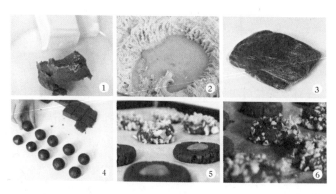

分量
2人份

烤箱温度
上火180℃、下火180℃

烤制时间
13分钟

口袋地瓜饼干

配方：

饼干体： 无盐黄油90克，细砂糖110克，盐2克，鸡蛋液50克，低筋面粉220克，泡打粉2克；**内馅：** 地瓜泥180克，牛奶20克，蜂蜜20克

制作步骤:

1. 将无盐黄油压软,搅拌均匀,加入细砂糖,搅拌均匀,加入泡打粉和盐,搅拌均匀,倒入鸡蛋液,搅拌均匀。

2. 筛入低筋面粉,用橡皮刮刀搅拌至无干粉,用手轻轻揉成光滑的面团。

3. 将面团分成每个30克的饼干坯,揉圆备用。

4. 将蜂蜜倒入到准备好的地瓜泥中,再倒入牛奶一起搅拌均匀,做成馅料后装入裱花袋里。

5. 用手指在饼干坯的中央压出一个凹洞,挤入馅料,收口捏紧朝下,放在烤盘上,稍稍按扁。

6. 烤箱预热180℃,将烤盘置于烤箱中层,烤13分钟即可。

Tips

制作内馅时可以加入适量的打发蛋白霜,使成品口感、味道更好。

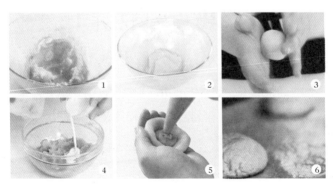

分量
2人份

烤箱温度
上火180℃，下火180℃

烤制时间
10分钟

难易度：★★☆

豆浆巧克力豆饼干

配方：

亚麻籽油30毫升，豆浆25毫升，枫糖浆40克，盐1克，低筋面粉103克，泡打粉1克，苏打粉2克，核桃碎30克，巧克力豆（切碎）40克

制作步骤:

1. 将亚麻籽油、豆浆、枫糖浆、盐倒入搅拌盆中,用手动打蛋器搅拌均匀。

2. 将低筋面粉、泡打粉、苏打粉过筛至搅拌盆里,用橡皮刮刀翻拌至无干粉的状态。

3. 倒入巧克力豆碎、核桃碎,继续翻拌均匀,成饼干面团。

4. 将饼干面团分成每个重量约30克的小面团,用手揉搓成圆形。

5. 将圆形的小面团压扁,成饼干坯,放在铺有油纸的烤盘上。

6. 将烤盘放入已预热至180℃的烤箱中层,烤约10分钟至饼干坯表面上色即可。

可将核桃碾碎后再使用,这样成品的口感更好。

分量
3人份

烤箱温度
上火170℃、下火170℃

烤制时间
20分钟

难易度：★★☆

美式巧克力豆饼干

配方：

黄奶油120克，糖粉90克，鸡蛋50克，低筋面粉170克，杏仁粉50克，泡打粉4克，巧克力豆100克

扫码看视频

制作步骤：

1. 将黄奶油、泡打粉、糖粉（留少许备用）倒入大碗中，用电动打蛋器快速搅拌均匀，加入鸡蛋，搅拌均匀。

2. 将低筋面粉、杏仁粉过筛至大碗中，用刮板将材料搅拌匀，制成面团。

3. 倒入巧克力豆，拌匀，并搓圆。

4. 取一小块面团，搓圆，放在铺有高温布的烤盘上，用手稍稍地压平。其余面团依此方法做成饼干坯。

5. 将烤盘放入烤箱，以上、下火170℃烤20分钟至熟。

6. 从烤箱中取出烤盘，将糖粉过筛至烤好的饼干上，将巧克力豆饼干装入盘中即可。

将面团压得薄一点，这样烤出来的饼干更脆。

分量
4人份

烤箱温度
上火170℃、下火170℃

烤制时间
20分钟

难易度：★ ☆ ☆

黄金椰蓉球

配方：

椰蓉130克，黄油40克，糖粉40克，牛奶5毫升，蛋黄30克，奶粉15克

扫码看视频

162

制作步骤：

1. 将黄油、糖粉加入容器中，拌匀，倒入牛奶，用电动打蛋器搅打均匀。

2. 放入蛋黄、奶粉，拌匀，倒入椰蓉，用电动打蛋器搅打均匀，待用。

3. 把拌好的食材捏成数个椰蓉球生坯，放入烤盘中。

4. 打开烤箱，将烤盘放入烤箱中。

5. 关上烤箱，以上、下火170℃烤约20分钟至熟。

6. 取出烤盘，把烤好的椰蓉球装入盘中即可。

椰蓉球不宜烤太久，否则容易裂开。

分量
2人份

烤箱温度
上火175℃，下火175℃

烤制时间
12分钟

巧克力玻璃珠

配方：

无盐黄油30克，橄榄油20毫升，细砂糖35克，盐0.5克，
低筋面粉80克，杏仁粉20克，蛋黄50克，黑巧克力80
克，香草精2克，开心果适量，燕麦片适量

164

制作步骤：

1. 将室温软化的无盐黄油和橄榄油混合，再加入细砂糖和盐充分搅拌均匀，再加入蛋黄搅拌均匀。

2. 加入香草精搅拌至细腻光滑的状态。

3. 筛入低筋面粉、杏仁粉用橡皮刮刀切拌均匀，揉成光滑的面团。

4. 将面团分成每个约10克的圆球，取好间隙放置在烤盘上，放进预热至175℃的烤箱烘烤约12分钟。

5. 将黑巧克力隔水加热熔化。

6. 烤好的饼干半边浸入巧克力液中，最后在饼干表面撒上一些开心果碎或燕麦片即可。

Tips

可以将苦味较重的黑巧克力换成口感香甜爽口的牛奶巧克力，成品味道更佳。

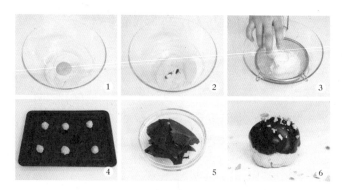

分量
2人份

烤箱温度
上火170℃、下火170℃

烤制时间
15分钟

—— 难易度：★★☆ ——

巧克力雪球饼干

配方：

雪球体： 无盐黄油80克，糖粉40克，盐1克，低筋面粉120克，杏仁粉30克，可可粉15克；**装饰：** 糖粉20克

扫码看视频

制作步骤：

1. 将室温软化的无盐黄油放入搅打盆中，用电动打蛋器搅打至发白蓬松状，倒入糖粉和盐，搅打均匀。

2. 筛入低筋面粉、杏仁粉和可可粉，用橡皮刮刀切拌至无干粉状，揉成光滑的面团。

3. 将面团稍稍压扁，用保鲜膜包好，放入冰箱冷藏1小时。

4. 取出面团，分成每个20克的小面团，揉圆，放在烤盘上。

5. 烤箱预热上、下火170℃，完毕后将烤盘置于烤箱的中层，烘烤15分钟后取出。

6. 准备一个塑料袋，将雪球饼干放进去，倒入糖粉，拧紧袋口，轻轻晃动，使糖粉均匀地覆在雪球饼干的表面即可。

Tips

最好是保证小面团的大小一致，以免烤出来的
成品有些熟透了，有些却半生。

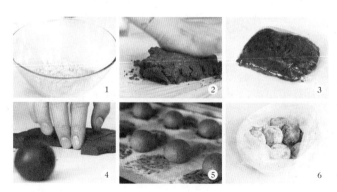

分量
2人份

烤箱温度
上火175℃、下火175℃

烤制时间
16分钟

难易度：★ ★ ☆

巧克力燕麦球

配方：

无盐黄油75克，细砂糖100克，中筋面粉50克，鸡蛋液25克，泡打粉2克，可可粉5克，燕麦片100克，巧克力25克

扫码看视频

制作步骤：

1. 将无盐黄油放入干净的搅拌盆中，加入细砂糖，用橡皮刮刀搅拌均匀，倒入鸡蛋液，搅拌均匀。

2. 加入燕麦片，混合均匀，加入泡打粉，筛入中筋面粉和可可粉，揉成光滑的面团。

3. 将面团分成每个30克的小饼干坯，搓圆，放在烤盘上。

4. 烤箱预热175℃，将烤盘置于烤箱的中层，烘烤16分钟，拿出放凉。

5. 巧克力隔温水熔化，再将熔化的巧克力液装入裱花袋中。

6. 裱花袋用剪刀剪出一个1~2毫米的小口，将熔化的巧克力液挤在饼干的表面作装饰即可。

Tips

试着用巧克力代替可可粉，加入到面团制作的过程中，会得到口感全新的巧克力燕麦球。

分量
2人份

烤箱温度
上火170℃、下火170℃

烤制时间
15分钟

难易度：★ ☆ ☆

蛋黄小饼干

配方：

低筋面粉90克，鸡蛋1个，蛋黄1个，白糖50克，泡打粉2克，香草粉2克

扫码看视频

制作步骤:

1. 把低筋面粉装入碗里,加入泡打粉、香草粉,拌匀,倒在案台上,用刮板开窝。

2. 倒入白糖,加入鸡蛋、蛋黄,搅匀。

3. 将材料混合均匀,和成面糊。

4. 把面糊装入裱花袋中,备用。

5. 在烤盘铺一层高温布,挤上适量面糊,挤出数个饼干生坯。

6. 将烤盘放入烤箱,以上、下火170℃烤15分钟至熟,取出烤好的饼干,装入盘中即可。

 Tips

挤入面糊时要大小均匀,这样烤出来的饼干才美观。

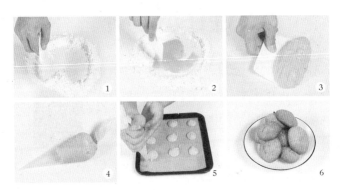

1 2 3

4 5 6

分量
3人份

烤箱温度
上火160℃、下火160℃

烤制时间
15分钟

难易度：★☆☆

旺仔小馒头

配方：

玉米淀粉130克，低筋面粉20克，泡打粉3克，鸡蛋20克，奶粉20克，糖粉30克，牛奶20毫升

扫码看视频

制作步骤：

1. 把玉米淀粉倒在案台上，加入低筋面粉、奶粉、泡打粉，用刮板开窝。

2. 倒入糖粉、鸡蛋，用刮板搅散，加入牛奶，搅匀，将材料混合均匀，揉搓成纯滑的面团，再搓成条。

3. 取适量面团，搓成细长条，用刮板切成数个小剂子。

4. 把剂子搓圆，制成小馒头生坯。把小馒头生坯放入铺有高温布的烤盘中。

5. 将烤盘放入烤箱，以上、下火160℃烤15分钟至熟。

6. 取出烤好的小馒头，装入盘中即可。

Tips

小馒头生坯在烤盘里要留出足够的间隙，以免烤好后黏在一起。

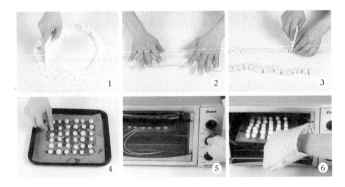

分量
2人份

烤箱温度
上火130℃、下火130℃

烤制时间
30分钟

椰香蛋白饼干

配方：

蛋白30克，香草精2克，椰蓉50克，细砂糖30克

扫码看视频

制作步骤：

1. 将蛋白放入一个无水无油的干净搅拌盆中，加入细砂糖进行搅打。

2. 将蛋白打至提起电动打蛋器可以拉出鹰嘴钩，也就是硬性发泡。

3. 加入椰蓉，用橡皮刮刀搅拌均匀，倒入香草精，用橡皮刮刀搅拌均匀，以去除蛋白中的腥味。

4. 将制好的蛋白装入裱花袋，在裱花袋的闭口处用剪刀剪出一个约1厘米的开口。

5. 在烤盘上挤出蛋白花饼干坯。

6. 烤箱预热130℃，将烤盘置于烤箱的中层，烘烤30分钟，完成后，在烤箱内放置10分钟左右即可。

烘烤的时候，注意观色，可加盖一张锡纸，以免烤得颜色太重。

难易度：★☆☆

椰蓉蛋酥饼干

配方：

低筋面粉150克，奶粉20克，鸡蛋2个，盐2克，细砂糖60克，黄油125克，椰蓉50克

扫码看视频

制作步骤：

1. 将低筋面粉、奶粉倒在案板上搅拌片刻，在中间掏一个窝。

2. 窝中加入备好的细砂糖、盐、鸡蛋，在中间搅拌均匀。

3. 倒入黄油，将四周的粉覆盖上去，一边翻搅一边按压至面团均匀平滑。

4. 取适量面团揉成圆形，在外圈均匀粘上椰蓉。

5. 放入烤盘，用手轻轻压成饼状。按照相同方法将其余面团依次制成饼干生坯。

6. 将烤盘放入预热好的烤箱里，调成上火180℃、下火150℃，时间定为15分钟烤制定型。

7. 待15分钟后，戴上隔热手套将烤盘取出。

8. 待饼干放凉后将其装入盘中即可食用。

Tips

适当将面团按扁一点，受热更均匀，更易熟。

分量
3人份

烤箱温度
上火160℃、下火160℃

烤制时间
18~20分钟

难易度：★★☆

橡果饼干

配方：

无盐黄油50克，糖粉25克，盐1克，鸡蛋液25克，低筋面粉100克，泡打粉1克，黑巧克力50克

制作步骤:

1. 无盐黄油室温软化,加入糖粉,用橡皮刮刀将碗中材料搅拌均匀。

2. 加入鸡蛋液混合均匀。

3. 加盐混合均匀,筛入混合了泡打粉的低筋面粉。

4. 用橡皮刮刀切拌至无干粉,揉成光滑的面团。

5. 将面团分成每个重量在6~7克的小面团。

6. 用手将小面团搓成橡果的形状。

7. 将小面团放在铺了油纸的烤盘上，烤箱预热160℃，烤盘置于烤箱中层，烘烤18~20分钟，饼干出炉凉一凉。

8. 将黑巧克力放入小锅中，隔热水熔化成液体。

9. 将凉透的饼干的头部蘸上黑巧克力液。

10. 待黑巧克力凝固后即可食用。

 Tips

饼干坯的形状可以不那么规则，但烤箱温度一定要控制好。

分量
2人份

烤箱温度
上火180℃、下火180℃

烤制时间
25分钟

难易度：★☆☆

杏仁酸奶饼干

配方：

无盐黄油110克，细砂糖70克，杏仁碎70克，朗姆酒30毫升，淡奶油150克，低筋面粉270克，泡打粉6克，盐2克，原味酸奶80克，牛奶30毫升

制作步骤:

1. 将室温软化的无盐黄油放入搅拌盆中,用电动打蛋器稍打一下,再加入细砂糖,搅打至蓬松发白。

2. 倒入朗姆酒、牛奶搅拌均匀,再倒入原味酸奶,继续搅拌,加入杏仁碎,搅拌均匀。

3. 加入盐、泡打粉,再倒入淡奶油,搅拌均匀。

4. 再筛入低筋面粉,搅拌均匀,揉成光滑的面团。

5. 轻轻拍打面团,将其擀成圆面饼,用刮板将圆面饼分成8等份,摆入烤盘。

6. 放进预热180℃的烤箱中,烘烤15分钟,拿出烤盘调转180°,再烘烤10分钟即可。

Tips

如果使用硅胶材质的擀面杖,那么就不那么容易粘黏。

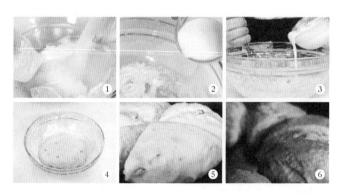

分量
2人份

烤箱温度
上火160℃、下火160℃

烤制时间
17分钟

难易度：★★☆

芝士番茄饼干

配方：

饼干体：奶油芝士30克，糖粉75克，无盐黄油30克，鸡蛋液35克，芝士粉45克，番茄酱60克，低筋面粉100克，黑胡椒粒1克，披萨草2克；**装饰**：糖粉适量

制作步骤:

1. 将室温软化的奶油芝士和一半量的糖粉用橡皮刮刀搅拌均匀。

2. 加入室温软化的无盐黄油和剩余的糖粉搅拌均匀。

3. 倒入鸡蛋液搅拌均匀,倒入芝士粉、番茄酱搅拌均匀,再筛入低筋面粉用橡皮刮刀继续搅拌至无干粉的状态。

4. 倒入黑胡椒粒和披萨草用橡皮刮刀继续搅拌,直至成光滑的面糊。

5. 将面糊装入装有圆齿花嘴的裱花袋中,挤在烤盘上。

6. 在饼干坯上撒上适量的糖粉,放进预热至160℃的烤箱中层烘烤约17分钟即可。

Tips

本品也可不用番茄酱,用新鲜的番茄加黄油、芝士、冰糖熬煮成酱,味道更鲜美醇厚。

分量
3人份

烤箱温度
上火160℃、下火160℃

烤制时间
15分钟

巧克力奇普饼干

配方：

低筋面粉100克，黄油60克，红糖30克，细砂糖20克，核桃碎20克，巧克力豆50克，苏打粉4克，盐2克，香草粉2克

制作步骤：

1. 取一个容器，倒入黄油、细砂糖，搅拌均匀。

2. 加入红糖、苏打粉、盐、香草粉，充分搅拌均匀。

3. 加入低筋面粉，搅拌均匀，再加入核桃碎、巧克力豆，持续搅拌片刻，制成面团。

4. 在手上抹上干粉，取适量的面团，搓圆。

5. 将搓好的面团放入烤盘，用手掌轻轻按压制成饼状。

6. 将剩余的面团依次制成大小一致的饼坯。

7. 将烤盘放入预热好的烤箱内，关好烤箱门。

8. 将上火调为160℃，下火调为160℃，时间定为15分钟烤至松脆。

9. 待15分钟后，戴上隔热手套将烤盘取出，将烤好的点心放入盘中即可食用。

Tips

当面团过硬时，会不好做出饼干造型，最好在室温下稍微软化。

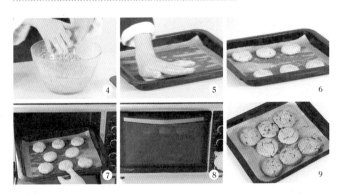

分量
3人份
烤箱温度
上火180℃、下火160℃
烤制时间
15分钟

难易度：★★☆

草莓小西饼

配方：

奶粉8克，蛋黄1个，花生碎适量，鸡蛋1个，糖粉37克，低筋面粉55克，黄奶油65克，杏仁粉60克，草莓酱适量

扫码看视频

制作步骤:

1. 把黄奶油、糖粉倒在案台上,用刮板拌匀,放入鸡蛋,搅拌匀。

2. 倒入低筋面粉、杏仁粉、奶粉,将材料混合均匀,揉搓成纯滑的面团。

3. 揉搓成长条,再切成数个大小均匀的小剂子,并用手搓圆。

4. 把小剂子放入烤盘,表面刷上适量蛋黄,粘上花生碎。

5. 用筷子在小剂子中间插一下,备用。

6. 把草莓酱倒入裱花袋中。

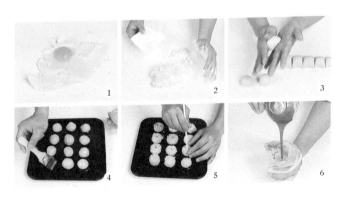

7. 在裱花袋的尖端部位剪出一个小口。

8. 在小剂子中间凹陷处挤入适量的草莓酱。

9. 将烤盘放入烤箱，以上火180℃、下火160℃烤15分钟至熟。

10. 从烤箱中取出烤盘，将烤好的草莓小西饼装入盘中即可。

草莓酱不要挤太多，以免影响成品美观。

难易度：★ ★ ☆

水果大饼

配方：

鸡蛋1个，细砂糖60克，色拉油60毫升，低筋面粉180克，泡打粉1克，食粉1克，吉士粉6克，蔓越莓果肉馅适量

扫码看视频

分量
1人份

烤箱温度
上火170℃，下火170℃

烤制时间
25分钟

制作步骤：

1. 将鸡蛋倒入玻璃碗中，加入细砂糖，用电动搅拌器快速搅匀，加入色拉油，搅拌成纯滑的鸡蛋浆。

2. 低筋面粉中加入吉士粉、泡打粉、食粉，用刮板开窝。

3. 倒入鸡蛋浆，刮入四周面粉，混合均匀，揉搓成光滑的面团，把面团压扁，用擀面杖擀成面皮。

4. 用圆形模具在面皮上压出6个圆形饼坯，去掉边角料，在其中3个饼坯上放入适量蔓越莓果肉馅，再分别盖上1个饼坯，制成水果大饼生坯，将生坯放入烤盘中。

5. 将烤盘放入已预热至170℃的烤箱中层，烤25分钟至熟。

6. 取出烤好的水果大饼，装入盘中即可。

Tips

蔓越莓果肉馅放在面皮上后，应将其铺平整，
这样有利于放上另一块面皮。

193

分量
3人份

烤箱温度
上火180℃、下火180℃

烤制时间
15分钟

朗姆葡萄饼干

配方：

黄奶油180克，葡萄干100克，低筋面粉125克，朗姆酒20毫升，糖粉150克，泡打粉3克

扫码看视频

制作步骤:

1. 将黄奶油倒入大碗中,快速拌匀,倒入糖粉,搅拌均匀。

2. 将朗姆酒倒入葡萄干中,浸泡5分钟。

3. 把低筋面粉、泡打粉过筛至大碗中,用刮板搅拌匀,倒在案台上,用手按压,揉成面团。

4. 将浸泡过的葡萄干放到面团上,按压面团,揉搓均匀,再搓成长条形,用刮板切成大小均等的小剂子,用手揉搓成圆球。

5. 把小剂子放入烤盘中,再将小剂子压平。

6. 将烤盘放入烤箱,以上、下火180℃烤15分钟至熟,把烤盘取出,将烤好的饼干装入盘中即成。

Tips

用朗姆酒浸泡葡萄干,可使成品的口感更佳。

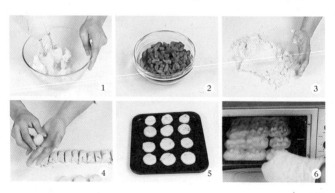

分量
3人份

烤箱温度
上火160℃、下火160℃

烤制时间
15分钟

海苔肉松饼干

配方：

低筋面粉150克，黄奶油75克，鸡蛋50克，白糖10克，盐3克，泡打粉3克，肉松30克，海苔2克

制作步骤：

1. 将低筋面粉倒在案台上，用刮板开窝。

2. 放入泡打粉，刮匀，加入白糖、盐、鸡蛋，用刮板搅拌均匀。

3. 倒入黄奶油，揉搓成面团。

4. 加入海苔、肉松，揉搓均匀。

5. 裹上保鲜膜，放入冰箱，冷冻1小时。

6. 取出面团，去除保鲜膜。

7. 用刀切成1.5厘米厚的饼干生坯。

8. 将饼干生坯放入铺有高温布的烤盘。

9. 放入烤箱，以上、下火160℃烤15分钟至熟，从烤箱中取出烤好的饼干，装入盘中即可。

Tips

放入冰箱冷冻一段时间，可使饼干更易成形。

分量
2人份

烤箱温度
上火170℃、下火170℃

烤制时间
15分钟

难易度：★ ★ ☆

香甜裂纹小饼

配方：

低筋面粉110克，白糖60克，橄榄油40毫升，蛋黄1个，泡
打粉5克，可可粉30克，盐2克，酸奶35毫升，南瓜子适量

制作步骤:

1. 将低筋面粉倒入碗中,加入可可粉,再倒在案台上,用刮板开窝。

2. 淋入橄榄油,加入白糖,搅匀。

3. 倒入酸奶,搅拌均匀。

4. 加入盐,放入泡打粉,倒入南瓜子、蛋黄,搅拌匀。

5. 将材料混合均匀,揉搓成面团。

6. 将面团搓成长条状。

7. 将长条面团切成数个剂子，揉成圆球状。

8. 将每个面球均匀地裹上一层低筋面粉。

9. 放入铺有高温布的烤盘中。

10. 将烤盘放进烤箱，以上、下火170℃烤15分钟至熟。取出烤好的饼干，装入盘中即可。

Tips

烘烤时间过久会使饼干失去漂亮的色泽。

分量
2人份

烤箱温度
上火180℃、下火180℃

烤制时间
20分钟

红糖核桃饼干

配方：

低筋面粉170克，蛋白30克，泡打粉4克，核

桃80克，黄油60克，红糖50克

扫码看视频

制作步骤：

1. 将低筋面粉倒于面板上，加入泡打粉，拌匀后铺开。

2. 倒入蛋白、红糖，搅拌均匀。

3. 倒入黄油，将面粉揉按成形。

4. 加入核桃，揉按均匀。

5. 取适量面团，按捏成数个饼干生坯，再装入铺有油纸的烤盘上，待用。

6. 打开烤箱，将烤盘放入烤箱中。

7. 关上烤箱门，以上、下火180℃，烤约20分钟至熟。

8. 取出烤盘，待饼干放凉至室温。

9. 把烤好的黄油饼干装入盘中即可。

Tips

面团多揉一会儿，以使核桃均匀散开。

分量
2人份

烤箱温度
上火180℃、下火160℃

烤制时间
15分钟

难易度：★★☆

红糖桃酥

配方：

细砂糖50克，红糖粉25克，盐1克，猪油80克，蛋黄15克，低筋面粉150克，食粉2克，泡打粉1克，核桃碎40克

扫码看视频

制作步骤：

1. 将备好的低筋面粉倒在案台上，用刮板开窝。

2. 倒入备好的细砂糖，放入备好的蛋黄，用刮板将其充分搅拌均匀。

3. 加入备好的泡打粉、食粉、盐、红糖粉，刮入四周的低筋面粉。

4. 将材料混合均匀。

5. 加入猪油，揉搓均匀。

6. 放入核桃碎，混合均匀，揉搓成面团。

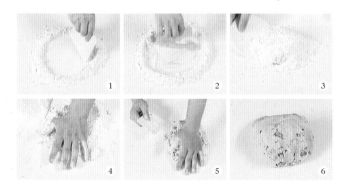

7. 将面团摘成小剂子，放入烤盘，捏成饼状。

8. 把生坯放入预热好的烤箱里。

9. 关上箱门，以上火180℃、下火160℃烤15分钟至熟。

10. 打开箱门，取出烤好的饼干，装入盘中即可。

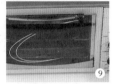

可将低筋面粉过筛后使用，这样烤好的饼干更酥松。

分量
2人份

烤箱温度
上火170℃、下火170℃

烤制时间
15分钟

难易度：★★☆

腰果小酥饼

配方：

黄奶油100克，糖粉40克，低筋面粉60克，玉米淀粉60克，腰果碎60克，糖粉适量

制作步骤:

1. 将低筋面粉倒在案台上,加入玉米淀粉,用刮板开窝。

2. 倒入糖粉、黄奶油,刮入面粉,混合均匀,加入腰果碎,揉搓成面团。

3. 把面团搓成长条状,用刮板分切成大小均等的小剂子。

4. 把小剂子搓成条,再弯成"U"形,制成生坯。

5. 把生坯放入铺有高温布的烤盘里,再将烤盘放入预热好的烤箱里。

6. 关上箱门,以上、下火170℃烤15分钟至熟,打开箱门,取出烤好的酥饼,将糖粉过筛至酥饼上即可。

Tips

饼坯的厚薄、大小应一致,这样更易烤熟。

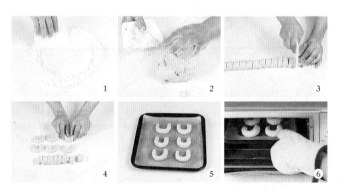

分量
3人份

烤箱温度
上火185℃、下火185℃

烤制时间
12~15分钟

难易度：★★☆

蝴蝶酥

配方：

冷藏酥皮3片，鸡蛋液适量，细砂糖适量

制作步骤：

1. 酥皮室温解冻，至可以折叠不会断掉的状态，在酥皮表面刷一层鸡蛋液。

2. 将细砂糖撒在涂了鸡蛋液的酥皮上面，盖上一层新的酥皮，重复以上动作，至盖上第三层酥皮。

3. 将制作完成的酥皮从中间对剖，成两个长方形，对边至中线折叠。

  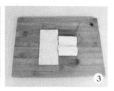

1.   2.   3.

4. 再对折一次。

5. 将折好的酥皮切成厚度为8毫米的面片。

6. 将酥皮坯呈"Y"字形摆在烤盘上。

7. 在酥皮的表面刷上鸡蛋液。

8. 再撒上细砂糖。

9. 烤箱预热185℃，将烤盘置于烤箱中层，烘烤12~15分钟即可。

Tips

卷蝴蝶酥时，不能卷得太松，否则烘烤后膨胀，会影响外观。

分量
2人份

烤箱温度
上火180℃、下火140℃

烤制时间
15分钟

难易度：★★☆

巧克力酥饼

配方：

黄奶油90克，细砂糖60克，鸡蛋1个，蛋黄
30克，低筋面粉150克，泡打粉2克，食粉2
克，巧克力豆50克，杏仁片适量

扫码看视频

制作步骤：

1. 将食粉倒入低筋面粉中，再加入泡打粉。

2. 把混合好的材料倒在案台上，用刮板开窝，加入细砂糖、鸡蛋，用刮板搅拌匀。

3. 放入黄奶油，刮入混合好的低筋面粉，将材料混合均匀，搓成湿面团，继续揉搓成光滑的面团。

4. 加入巧克力豆，揉搓均匀。

5. 将面团摘成小剂子，搓成球状。

6. 放入烤盘里，刷上一层蛋黄。

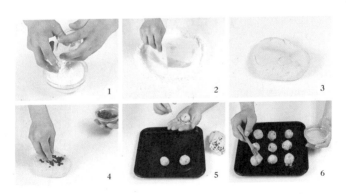

7. 再放上适量杏仁片。

8. 把装有饼干生坯的烤盘放入预热好的烤箱里。

9. 关上箱门，以上火180℃、下火140℃烤约15分钟，注意饼干颜色的变化。

10. 打开箱门，把烤好的酥饼取出，装入容器里即可。

在生坯上刷一层蛋黄，可使成品口感更佳。

分量
2人份

烤箱温度
上火180℃、下火180℃

烤制时间
15分钟

难易度：★ ☆ ☆

拿酥饼

配方：

酥皮： 低筋面粉325克，白糖300克，猪油50克，黄奶油100克，鸡蛋1个，臭粉2.5克，奶粉40克，食粉2.5克，泡打粉4克，吉士粉适量；**装饰：** 蛋黄1个

扫码看视频

制作步骤：

1. 把低筋面粉倒在案台上，加入白糖、吉士粉、奶粉、臭粉、食粉、泡打粉，混合均匀。

2. 把黄奶油、猪油混合均匀，加入到混合好的低筋面粉中，混合均匀，再打入鸡蛋，搅拌，揉搓成面团。

3. 取适量面团，搓成条状，切成数个大小均等的剂子，把剂子捏成圆球状，制成生坯。

4. 把生坯装入烤盘，逐个刷一层蛋黄液。

5. 将烤盘放入烤箱里，关上箱门，将烤箱上、下火均调为180℃，时间设为15分钟，开始烘烤。

6. 戴上手套，打开箱门，取出烤盘，将拿酥饼装盘即可。

Tips

拿酥饼烤好后，因烤盘温度较高，要戴上隔热手套取出，以免烫伤手。

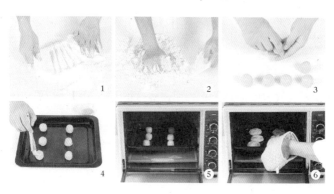

分量
3人份

烤箱温度
上火180℃、下火160℃

烤制时间
15分钟

难易度：★ ☆ ☆

桃酥

配方：

低筋面粉200克，蛋黄25克，泡打粉3克，苏打粉2克，核桃60克，细砂糖70克，玉米油120毫升，盐少许

制作步骤:

1. 将低筋面粉、泡打粉、苏打粉依次倒于面板上,拌匀后铺开。

2. 依次加入盐、细砂糖、蛋黄,搅拌均匀,放入玉米油至被面粉充分吸收。

3. 将面粉按压成形,放入核桃,继续按压均匀。

4. 将面团捏成数个圆形桃酥生坯,捏好的生坯摆好盘。

5. 打开烤箱,将烤盘放入烤箱中。关上烤箱,以上火180℃、下火160℃,烤约15分钟至熟。

6. 取出烤盘,把烤好的桃酥装入盘中即可。

Tips

可以将核桃仁压得更碎一些,这样更容易融入面团。

Part

5

模具压出的造型饼干

巧妇难为无米之炊。
当我们想做特定造型的饼干时,
若没有相应的模具,
恐怕只能望洋兴叹。
用模具压一下,
造型饼干就是这么简单!

难易度：★★☆

玻璃糖饼干

配方：

无盐黄油65克，细砂糖60克，盐0.5克，鸡蛋液25克，香草精3克，低筋面粉135克，杏仁粉25克，水果硬糖适量

制作步骤：

1. 将室温软化的无盐黄油、细砂糖、盐放入搅打盆中，搅拌均匀。

2. 分次倒入鸡蛋液，加入香草精，每次加入均搅拌匀，筛入低筋面粉和杏仁粉后翻拌均匀，揉成光滑的面团。

3. 用擀面杖将面团擀成厚度为3毫米的饼干面皮。

4. 用花形饼干模具在面皮上裁切出10个花形饼干坯，再在其中的5个花形饼干坯中间抠出一个小圆。

5. 将两种饼干坯重叠在一起并放在铺好油纸的烤盘上。

6. 将水果硬糖敲碎，放入饼干坯镂空处，烤盘放进预热至180℃的烤箱中层，烘烤约10分钟即可。

Tips

选用中筋面粉，可使烤好的成品更酥脆。

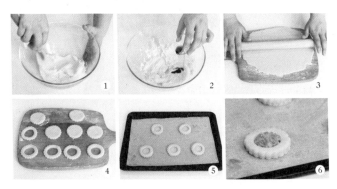

分量
2人份

烤箱温度
上火160℃、下火160℃

烤制时间
15分钟

难易度：★★☆

椰蓉爱心饼干

配方：

无盐黄油65克，糖粉50克，蛋黄1个，香草精1克，椰蓉30克，低筋面粉100克

制作步骤：

1. 无盐黄油室温软化，打至体积微微膨胀、颜色变浅，加入糖粉、蛋黄，搅打均匀，加入香草精。

2. 加入椰蓉，将椰蓉与黄油搅拌均匀。

3. 筛入低筋面粉，用橡皮刮刀翻拌至无干粉，揉成光滑的面团。

4. 用擀面杖将其擀成厚度为3毫米的面片。

5. 用爱心模具压出相应的形状，放入烤盘。

6. 烤箱预热160℃，将烤盘放置在烤箱的中层，烘烤15分钟后，在烤箱内放置8~10分钟即可。

Tips

时间充裕的话，可以自己使用香草荚和伏特加来制作香草精。

分量
2人份

烤箱温度
上火180℃ 下火180℃

烤制时间
15分钟

海盐全麦饼干

配方：

低筋面粉100克，全麦面粉30克，盐1克，泡打粉1克，无盐黄油40克，牛奶50毫升，海盐适量

制作步骤：

1. 将低筋面粉过筛至搅拌盆里。

2. 筛入全麦面粉，并放入盐。

3. 放入泡打粉和无盐黄油，将无盐黄油与粉类充分混合均匀。

4. 倒入30毫升牛奶，混合均匀后，揉成光滑的面团。

5. 将面团用擀面杖擀成厚度为3毫米的面片。

6. 使用模具压出喜欢的形状。

7. 用叉子给饼干坯戳出透气孔，用刮板辅助移到烤盘上。

8. 使用毛刷，在饼干坯的表面刷上适量的牛奶。

9. 完毕后，撒上海盐，放入预热温度为180℃的烤箱，烤盘置于烤箱的中层，烘烤15分钟即可。

本品可加2克酵母粉，揉成面团后用保鲜膜包好，冷藏20分钟再继续制作，成品口感更好。

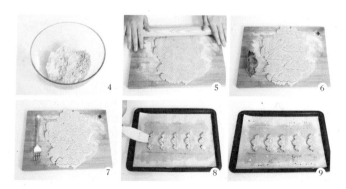

分量
2人份

烤箱温度
160℃转180℃

烤制时间
15分钟

樱桃硬糖曲奇

配方：

无盐黄油50克，糖粉25克，盐1克，鸡蛋液20克，低筋面粉100克，泡打粉1克，樱桃味硬糖适量，黑巧克力适量

制作步骤:

1. 无盐黄油室温软化,加糖粉打发,至呈蓬松羽毛状。再加入盐,搅打均匀。

2. 加入鸡蛋液,搅打均匀,可以分次加入,每次加入都需搅打至完全融合方可加入第二次。

3. 将低筋面粉和泡打粉筛入黄油碗中,用橡皮刮刀将粉类切拌均匀至无干粉状,揉成光滑的面团。

4. 用擀面杖将面团擀成厚度约为2毫米的面片,使用花形压模压出形状。

5. 其中一半压好的面片,用裱花嘴压出对称的小圆。

6. 将压成小圆的面片贴合在完整的面片之上。

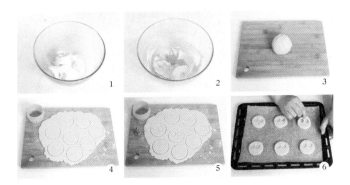

7. 面片置于铺了油纸的烤盘上，烤箱预热160℃，将烤盘置于烤箱的中层，烘烤约8分钟至半熟。

8. 将樱桃硬糖压碎。取出半熟的饼干，将糖碎放在饼干的小圆凹槽中。烤箱升温至180℃，将烤盘置于烤箱的中层，烘烤7分钟。

9. 观察饼干上色情况和硬糖的熔化程度，调整烘烤的时间和烘烤温度。

10. 用装入了隔水熔化的黑巧克力液的裱花袋在饼干上装饰出樱桃梗的形状。待巧克力液晾干后，即可食用。

之所以要在烘烤过程中将温度升至180℃，是因为硬糖的熔点极高，如果不到180℃的话，有可能无法熔成糖浆，饼干造型失败的概率会增加。

分量
2人份

烤箱温度
上火160℃、下火160℃

烤制时间
20分钟

榛果巧克力焦糖夹心饼干

配方：

饼干体： 无盐黄油70克，榛果巧克力酱50克，糖粉60克，鸡蛋液15克，低筋面粉123克，可可粉12克；**焦糖夹心馅：** 细砂糖25克，水4毫升，淡奶油28克，有盐黄油34克，吉利丁片0.5克

制作步骤：

1. 盆中倒入室温软化的无盐黄油、榛果巧克力酱、糖粉用橡皮刮刀搅拌均匀，倒入鸡蛋液搅拌均匀。

2. 筛入低筋面粉、可可粉翻拌至无干粉状，揉成光滑的面团。

3. 用擀面杖将面团擀成厚度为4毫米的饼干面皮，放入冰箱冷冻30分钟。

233

4. 将淡奶油、水、细砂糖煮至120℃，出现焦色后关火，加入有盐黄油20克搅拌均匀。

5. 加入泡软的吉利丁片搅拌均匀，再加入剩余的有盐黄油搅拌均匀，即成焦糖夹心馅。

6. 完成后晾凉，将焦糖夹心馅放入裱花袋中。

7. 将冰箱中的面皮取出，用模具得到圆形饼干坯。

8. 将饼干坯放置在烤盘上，再放入预热至160℃的烤箱中层，烘烤20分钟。

9. 取出后晾凉，其中一半的饼干内侧挤上焦糖夹心馅，再用另一半饼干分别盖上即可。

Tips

生坯切好后可用小工具轻轻地拨动，这样既方便，也不会破坏饼干整体形状。

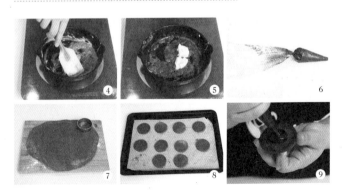

分量
2人份

烤箱温度
上火160℃、下火160℃

烤制时间
10分钟

难易度：★★★

巧克力夹心脆饼

配方：

黄油140克，糖粉80克，蛋白40克，低筋面粉70克，黑巧克力液100克

制作步骤：

1. 将糖粉、120克黄油倒入容器中，搅拌均匀，放入备好的蛋白，拌匀，至其七分发，再倒入低筋面粉，拌匀，至材料成细腻的糊状，待用。

2. 取一裱花袋，盛入拌好的面糊，收紧袋口，再在袋底剪出一个小孔，待用。

3. 烤盘中垫上一张大小适合的油纸，挤入适量面糊，制成数个饼干生坯。

4. 烤箱预热，放入烤盘，关好烤箱门，以上、下火160℃烤约10分钟，至食材熟透。

5. 断电后取出烤盘，静置一会儿，待其冷却。取备好的圆形压模，再用力地压在饼干上，修整形状，使其呈圆形，放在盘中，待用。

6. 把备好的黑巧克力液装入碗中，加入20克黄油，快速拌匀，至其溶化，制成夹心馅料。

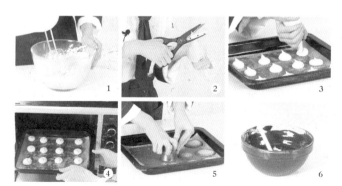

7. 再倒在油纸上，铺开、摊平，静置约7分钟，待其冷却，备用。

8. 取压模，在夹心馅料上用力压出数个圆形块。

9. 取一块饼干，放上一片夹心馅料，盖上另一块饼干，对齐，稍稍捏紧。

10. 再依此做完余下的饼干和夹心馅料，摆在盘中即成。

巧克力液倒入油纸上时最好要铺匀，这样做好的夹心饼干外形才好看。

分量
2人份

烤箱温度
上火150℃、下火150℃

烤制时间
18~20分钟

难易度：★★☆

伯爵芝麻黑糖饼干

配方：

饼干体：有盐黄油75克，糖粉40克，蛋白15克，低筋面粉105克，伯爵茶粉2克；**焦糖芝麻馅：**细砂糖41克，麦芽糖20克，蜂蜜7克，有盐黄油13克，淡奶油7克，黑芝麻30克

制作步骤:

1. 将有盐黄油75克和糖粉倒入搅打盆中,搅打至蓬松发白状。

2. 倒入蛋白搅打均匀,倒入伯爵茶粉,筛入低筋面粉翻拌均匀,揉成面团,放入冰箱冷藏30分钟后取出。

3. 用擀面杖将面团擀成约4毫米厚的饼干面皮。

4. 用六角形饼干模具在面皮上裁切出六角星形状的饼干坯,再用圆形模具在中间裁切出一个圆形并抠掉。

5. 将细砂糖、麦芽糖、蜂蜜、13克有盐黄油、淡奶油倒入锅里加热至沸腾,倒入炒过的黑芝麻拌匀即成焦糖芝麻馅。

6. 将饼干坯放置在烤盘上,把焦糖芝麻馅填入饼干坯中间,烤盘放入预热至150℃的烤箱中层,烘烤18~20分钟即可。

Tips

裁切的圆形不要太深,以免芝麻馅烘烤的时候溢出。

分量
3人份
烤箱温度
上火150℃、下火150℃
烤制时间
18~20分钟

花形焦糖杏仁饼干

配方：

饼干体： 有盐黄油65克，糖粉40克，淡奶油15克，咖啡酱3克，低筋面粉105克；**焦糖杏仁馅：** 细砂糖45克，透明麦芽糖225克，蜂蜜75克，淡奶油75克，有盐黄油15克，杏仁碎33克

240

制作步骤:

1. 将室温软化的有盐黄油65克、糖粉搅拌均匀,再用打蛋器稍微打发,倒入淡奶油15克和咖啡酱搅拌至完全融合。

2. 筛入低筋面粉搅拌均匀,再揉成光滑的面团。

3. 将面团擀成厚度为4毫米的饼干面皮。

4. 用花形模具裁切出花形饼干坯,并用小圆形模具在花形饼干坯中间抠出一个圆形,放入冰箱冷藏直至饼干坯变硬。

5. 将细砂糖、透明麦芽糖、蜂蜜、75克淡奶油、15克有盐黄油放进锅里煮,煮至糖溶化再加入杏仁碎拌匀,即成焦糖杏仁馅。

6. 取出饼干坯,将焦糖杏仁馅倒入镂空的部分,放进预热至150℃的烤箱中层烘烤18~20分钟即可。

Tips

可以将低筋面粉换成同等量的中筋面粉,烤出来的饼干比较有韧性。

分量
2人份

烤箱温度
上火180℃、下火180℃

烤制时间
15分钟

可可卡蕾特

配方：

饼干体： 无盐黄油85克，糖粉70克，巧克力酱30克，鸡蛋液18克，朗姆酒5克，低筋面粉70克，可可粉5克；**装饰：** 鸡蛋液少许

扫码看视频

制作步骤：

1. 将无盐黄油放入干净的搅拌盆中，加入糖粉，用电动打蛋器搅打至蓬松发白，加入巧克力酱，搅打均匀。

2. 倒入鸡蛋液，用电动打蛋器搅打均匀。

3. 筛入低筋面粉和可可粉，用橡皮刮刀搅拌至无干粉。

4. 倒入朗姆酒，拌成光滑的面团后稍压扁，再包上保鲜膜放入冰箱冷冻约15分钟。

5. 取出面团，擀成厚度约4毫米的面片，用花形模具压出相应花形的饼干坯。

6. 在饼干坯的表面刷上鸡蛋液，烤箱预热180℃，将烤盘置于烤箱中层，烘烤15分钟即可。

Tips

刚出炉的饼干吃起来还有点软，口感不好，最好是凉透后再吃。

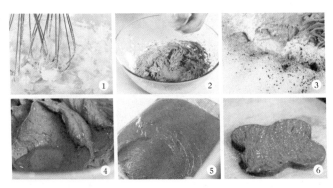

分量
2人份

烤箱温度
上火180℃、下火180℃

烤制时间
12~15分钟

难易度: ★★☆

全麦巧克力薄饼

配方:

饼干体: 低筋面粉70克,淡奶油10克,全麦面粉25克,无盐黄油50克,细砂糖30克,盐0.5克;**装饰:** 黑巧克力100克

扫码看视频

制作步骤：

1. 取一个干净的搅拌盆，放入无盐黄油和细砂糖，用橡皮刮刀搅拌均匀。

2. 倒入淡奶油，搅拌均匀，加入盐，搅拌均匀，再加入全麦面粉、筛入低筋面粉，拌匀，用手轻揉成光滑的面团。

3. 用擀面杖将面团擀成厚度约4毫米的面片。

4. 用圆形模具在面片上压出饼干坯。

5. 其中一半的饼干坯中心处用星星模具镂空，将其覆盖在另一半完整的饼干坯上。烤箱预热180℃，将烤盘置于烤箱的中层，烘烤12~15分钟，取出。

6. 将熔化的黑巧克力液注入饼干中心处的星星凹槽中作装饰。

Tips

每个烤箱都有自己的脾气，要熟悉自己烤箱的脾气，建议买一个烤箱温度计来测温。

分量
2人份

烤箱温度
上火170℃、下火170℃

烤制时间
15分钟

Merry

简单芝士饼干

配方：

无盐黄油60克，盐1克，糖20克，鸡蛋液25克，低筋面粉120克，芝士粉50克

制作步骤：

1. 无盐黄油室温软化，加入盐拌匀。

2. 加入准备好的糖，用电动搅拌器打至体积变大、颜色发白。

3. 加入鸡蛋液，搅打均匀。

4. 筛入低筋面粉和芝士粉（留少许备用）。

5. 用橡皮刮刀切拌均匀后，揉成光滑的面团。

6. 将面团用擀面杖擀成厚度为3毫米的面片。

7. 用花形模具压出花形饼干坯。

8. 拿出叉子，为饼干坯戳上透气孔。

9. 在饼干坯表面撒上芝士粉。将饼干坯放在铺了油纸的烤盘内，烤箱预热170℃，将烤盘置于烤箱中层，烘烤15分钟，出炉凉一凉即可食用。

Tips

在饼干坯上戳上透气孔，烤出的饼干才更加漂亮，不会裂开。

难易度：★★★

黄金芝士苏打饼干

配方：

油皮：低筋面粉200克，水100毫升，色拉油40毫升，酵母3克，苏打粉2克，芝士10克，面粉少许；**油心：**低筋面粉60克，色拉油22毫升

制作步骤：

1. **油皮**：往案台上倒入低筋面粉、酵母、苏打粉，用刮板拌匀，开窝，加入色拉油、水、芝士，稍稍拌匀。

2. 刮入四周面粉，混合均匀，将混合物搓揉成一个纯滑面团，待用。

3. **油心**：往案台上倒入低筋面粉，用刮板开窝，加入色拉油，刮入四周面粉，将其搓揉成一个纯滑面团，待用。

4. 往案台上撒少许面粉，放上油皮面团，用擀面杖将其均匀擀薄至面饼状。

5. 将油心面团用手按压一下，放在油皮面饼一端。

6. 用面饼另外一端盖住油心面团，用手压紧面饼四周。

7. 用擀面杖将裹有面团的面皮擀薄，将擀薄的饼坯两端往中间对折，再用擀面杖擀薄。

8. 用饼干模具按压饼坯，取出数个饼干生坯。

9. 烤盘垫一层高温布，将饼干生坯装入烤盘。

10. 将烤盘放入烤箱中，以上、下火160℃烤15分钟至熟，取出烤盘，将烤好的饼干装盘即可。

Tips

可以在烤好的饼干上撒适量芝士碎，这样吃起来会更香。

分量
2人份

烤箱温度
上火180℃、下火180℃

烤制时间
15分钟

难易度：★ ☆ ☆

芝士脆饼

配方：

无盐黄油100克，细砂糖60克，蛋黄20克，低筋面粉160克，芝士粉20克，盐1克

扫码看视频

制作步骤：

1. 将无盐黄油放入搅拌盆中，搅拌均匀。

2. 加入细砂糖，搅拌均匀，倒入蛋黄，搅拌均匀。

3. 加入盐、芝士粉，再筛入低筋面粉，搅拌均匀至无干粉，用手轻轻揉成光滑的面团。

4. 将面团用擀面杖擀成厚度约4毫米的面片。

5. 先将面片切成三角形，再用圆形模具抠出圆形，做出奶酪造型的饼干坯，摆入烤盘。

6. 烤箱预热180℃，将烤盘置于烤箱的中层，烘烤15分钟即可。

Tips

烘烤时注意观察，别烤焦了，饼干边上出现深黄，就可以立即从烤箱中取出饼干。

分量
2人份

烤箱温度
上火175℃、下火175℃

烤制时间
8分钟

难易度：★★☆

紫薯饼干

配方：

无盐黄油60克，糖粉50克，盐0.5克，鸡蛋液25克，低筋面粉120克，紫薯泥50克，香草精2克

制作步骤：

1. 将室温软化的无盐黄油充分搅拌均匀，再倒入糖粉和盐搅拌均匀。

2. 分次倒入鸡蛋液，搅拌均匀，加入香草精搅拌均匀，加入紫薯泥，用橡皮刮刀搅拌均匀。

3. 筛入低筋面粉翻拌均匀，揉成光滑的面团。

4. 用擀面杖将面团擀成厚度为4毫米的饼干面皮。

5. 使用花形饼干模具裁切出饼干坯，去除多余的面皮。

6. 将裁切好的饼干坯放置在烤盘上，用叉子在面皮上戳出一排小孔。烤盘放进预热至175℃的烤箱中层烘烤8分钟即可。

Tips

取出饼坯的时候动作要轻缓，以免破坏饼坯的外观。

分量
3人份

烤箱温度
上火175℃、下火175℃

烤制时间
12~15分钟

难易度：★ ★ ☆

糖花饼干

配方：

饼干体：低筋面粉140克，椰子粉20克，可可粉20克，糖粉60克，盐1克，鸡蛋液25克，无盐黄油60克，香草精3克；装饰：黑巧克力100克，彩色糖粒适量

扫码看视频

制作步骤:

1. 将室温软化的无盐黄油放入搅拌盆中,加入糖粉,搅拌均匀,依次倒入鸡蛋液、香草精,每倒入一样材料都需搅拌均匀。

2. 加入椰子粉搅拌均匀,放入盐,筛入可可粉和低筋面粉,搅拌至无干粉,用手轻轻揉成光滑的面团。

3. 用擀面杖将面团擀成厚度约4毫米的面片,用带花形的圆模具压出相应形状的饼干坯,放在烤盘上。

4. 烤箱预热175℃,将烤盘置于烤箱的中层,烘烤12~15分钟即可。

5. 在烘烤的过程中,将黑巧克力隔温水熔化。

6. 取出饼干,蘸上巧克力液,表面撒彩色糖粒作装饰即可食用。

分量
1人份

烤箱温度
上火175℃、下火175℃

烤制时间
10分钟

难易度：★★☆

双色饼干

配方：

原味面团：无盐黄油60克，糖粉55克，盐0.5克，淡奶油15克，香草精2克，低筋面粉120克，杏仁粉30克；**可可面团：**无盐黄油60克，糖粉55克，盐0.5克，淡奶油15克，可可粉15克，香草精2克，低筋面粉100克，杏仁粉30克

制作步骤:

1. 将无盐黄油、糖粉和盐装入搅拌盆里,搅拌均匀。

2. 加入淡奶油、香草精,拌匀,筛入低筋面粉、杏仁粉用橡皮刮刀翻拌至无干粉状,然后揉成光滑的原味面团。

3. 按步骤1至步骤2制作,只需要多筛入一份可可粉即可,翻拌均匀,揉成可可面团。

4. 将两份面团放进冰箱冷藏30分钟取出,用擀面杖擀成厚约3毫米的饼干面皮,使用较大的造型饼干模具裁切面皮,再用较小的造型饼干模具裁切面皮。

5. 用颜色不同的两种饼干面皮相互填充成不同造型的饼干坯。

6. 将饼干坯放置在铺好油纸的烤盘上,放进预热至175℃的烤箱中层烘烤约10分钟即可。

Tips

面片的厚度要擀得均匀,这样烤出的饼干口感更佳。

分量
1人份

烤箱温度
上火160℃、下火160℃

烤制时间
15分钟

连心奶香饼干

配方：

无盐黄油65克，糖粉50克，蛋黄1个，香草精1克，低筋面粉130克，食用色素适量

制作步骤：

1. 无盐黄油室温软化，放入干净的搅拌盆中，稍打至体积膨胀、颜色变浅。

2. 加入糖粉，搅打均匀。

3. 加入香草精。

4. 加入蛋黄，搅打均匀。

5. 加入食用色素，将色素与黄油搅拌均匀。

6. 筛入低筋面粉，用橡皮刮刀翻拌至无干粉。

7. 揉成光滑的面团后，用擀面杖将其擀成厚度为3毫米的面片。

8. 用连心模具压出相应的形状，放入烤盘。

9. 烤箱预热160℃，将烤盘放置在烤箱的中层，烘烤15分钟后，在烤箱内放置8~10分钟即可。

Tips

制作过程中可加入适量的三花淡奶，成品奶香味将更浓郁。

分量
2人份

烤箱温度
上火170℃、下火170℃

烤制时间
15~18分钟

难易度: ★★☆

伯爵茶飞镖饼干

配方：

无盐黄油45克，糖粉25克，盐1克，鸡蛋液10克，低筋面粉50克，泡打粉1克，伯爵茶粉5克，香草精1克

制作步骤:

1. 无盐黄油室温软化,加入糖粉,用电动打蛋器搅打至蓬松羽毛状。

2. 加入鸡蛋液,搅打均匀。

3. 加入香草精,搅打均匀。

4. 加入盐,搅打均匀。

5. 将伯爵茶粉放入无盐黄油碗中。

6. 筛入混合了泡打粉的低筋面粉。

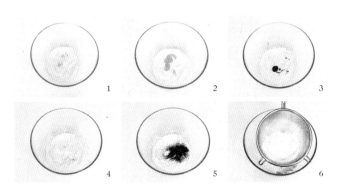

7. 用橡皮刮刀翻拌至无干粉，并揉成光滑的面团，用擀面杖将面团擀成厚度为3毫米的面片。

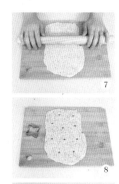

8. 使用花形模具和圆形裱花嘴制作出飞镖的形状。

9. 将饼干坯移动到铺了油纸的烤盘上。

10. 放入烤箱，以170℃烘烤15~18分钟，取出，放凉后即可食用。

根据个人口味需求，配方里的糖可以在20%的范围内调整增减，不会对成品造成太大影响。

分量
2人份

烤箱温度
上火160℃、下火160℃

烤制时间
15分钟

咖啡奶瓶饼干

配方：

无盐黄油50克，糖粉50克，鸡蛋液20克，低筋面粉105克，泡打粉1克，盐1克，咖啡粉5克，香草精1克

制作步骤：

1. 将无盐黄油室温软化，放入干净的搅拌盆中，加入糖粉，搅打至蓬松羽毛状。

2. 加入鸡蛋液，搅打均匀。

3. 加入香草精，搅打均匀。

4. 筛网上加入低筋面粉和咖啡粉。

5. 将低筋面粉和咖啡粉混合筛入盆中。

6. 加入泡打粉、盐。

7. 用橡皮刮刀翻拌至无干粉，并揉成光滑的面团。

8. 如果咖啡粉没有完全化开的话可以多揉两下，再将面团擀成厚度为3毫米的面片，并用奶瓶模具压出奶瓶的形状，放入烤盘。

9. 烤箱预热160℃，烤盘置于烤箱的中层，烘烤15分钟即可。

当饼干坯稍稍上色后，在表面盖一张锡纸，可以起到防止饼干表面上色过深的作用。

难易度：★★★

海星饼干

配方：

无盐黄油65克，糖粉50克，蛋黄1个，香草精2克，低筋面粉130克，硬糖适量

扫码看视频

制作步骤：

1. 无盐黄油室温软化，用电动打蛋器打至发白膨胀，加入糖粉，打至蓬松羽毛状，放入蛋黄，搅打均匀。

2. 再加入香草精提升饼干风味，或者按个人喜好加入其他口味的香精，搅打均匀后筛入低筋面粉。

3. 用橡皮刮刀搅拌至无干粉的状态。

4. 用手揉成一个光滑的面团。

5. 用擀面杖将面团擀成厚度为2毫米的面片。

6. 准备两个星星模具，先用大的星星模具压出饼干坯，再在其中一半的星星中央压按小的星星，将小星星移出形成镂空。

7. 得到一半镂空的饼干坯和一半星星形状的饼干坯，将镂空的饼干坯覆盖在星星饼干坯上。

8. 准备一个密封袋，用擀面杖将硬糖压碎。

9. 把做好的硬糖碎放在饼干坯镂空的地方。

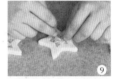

10. 入炉烘烤，先以160℃烘烤10分钟定型，然后将温度升至180℃，烘烤6~8分钟，将硬糖烤至完全融化，拿出后放凉即可食用。

Tips

如果不知道怎么判断面片的厚度，可以在旁边放一个一元硬币，比之稍厚一点点即可。

分量
2人份

烤箱温度
上火160℃、下火160℃

烤制时间
15分钟

纽扣饼干

配方:

低筋面粉120克, 盐1克, 细砂糖40克, 黄油65克, 牛奶35毫升, 香草粉3克

扫码看视频

制作步骤:

1. 将低筋面粉倒在面板上, 撒上盐, 倒入香草粉, 搅拌均匀, 开窝。

2. 倒入细砂糖、牛奶, 放入黄油。

3. 慢慢地搅拌一会儿, 至材料完全融合在一起, 再揉成面团。

4. 再把面团擀薄，呈0.3厘米左右的面皮。

5. 取备好的压模压出饼干的形状，点上4个小孔。

6. 制成数个纽扣饼干生坯，装在烤盘中，摆整齐，待用。

7. 烤箱预热，放入烤盘。

8. 关好烤箱门，以上、下火160℃的温度烤约15分钟，至食材熟透。

9. 断电后取出烤盘，将烤熟的饼干装在盘中即成。

Tips

制作生坯时要讲求力度的柔和，以免破坏了生坯的外形。

分量	2人份
烤箱温度	上火160℃、下火160℃
烤制时间	15分钟

难易度：★★★

四色棋格饼干

配方：

香草面团： 低筋面粉150克，黄奶油80克，糖粉、蛋白、香草粒各适量；**巧克力面团：** 低筋面粉78克，可可粉12克，黄奶油、白糖、鸡蛋各适量；**红曲面团：** 低筋面粉78克，红曲粉12克，黄奶油48克，糖粉36克，鸡蛋15克；**抹茶面团：** 低筋面粉78克，抹茶粉12克，黄奶油48克，糖粉36克，蛋白15克

275

制作步骤：

1. 香草面团：把低筋面粉倒在案台上，放入香草粒，倒入糖粉、蛋白，搅匀，倒入黄奶油，将材料混合均匀，揉搓成纯滑的面团。

2. 巧克力面团：把低筋面粉倒在案台上，放入可可粉，用刮板开窝，倒入白糖、鸡蛋，用刮板搅匀，加入黄奶油，揉搓成纯滑的面团，再用手压成面片。

3. 把做好的香草面团压平，放上压好的巧克力面片。

4. 红曲面团：把低筋面粉倒在案台上，加入红曲粉，用刮板开窝，倒入糖粉、鸡蛋，搅匀，加入黄奶油，揉搓成纯滑的面团。

5. 抹茶面团：把低筋面粉倒在案台上，加入抹茶粉，用刮板开窝，倒入糖粉、蛋白，搅匀，倒入黄奶油，揉搓成纯滑的面团，再用手压成面片。

6. 将红曲面团压平，盖上压好的抹茶面片，再压平。

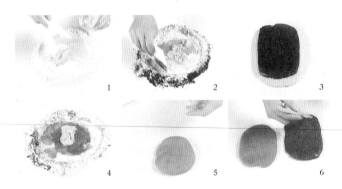

1 2 3

4 5 6

7. 将红曲面团和抹茶面团用保鲜膜包裹好，放入冰箱，冷冻至定型；把香草面团和巧克力面团用保鲜膜包裹好，放入冰箱，冷冻至定型。

8. 取出冻好的面片，去掉保鲜膜，切成15厘米宽的条状。

9. 将切好的4种面片并在一起，切成方块，制成饼坯。

10. 在烤盘铺一层高温布，放入饼坯。将烤盘放入烤箱，以上、下火160℃烤15分钟至熟即可。

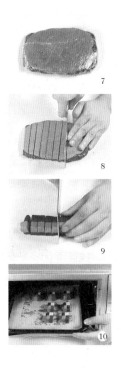

分量
2人份

烤箱温度
上火180℃、下火180℃

烤制时间
10~12分钟

难易度：★ ☆ ☆

绿茶圣诞树饼干

配方：

无盐黄油50克，细砂糖50克，盐1克，绿茶粉6克，低筋面

粉105克，泡打粉1克

制作步骤：

1. 无盐黄油室温软化，加入细砂糖搅打至呈蓬松羽毛状，加入盐，搅打均匀。

2. 筛入绿茶粉，搅打均匀，筛入泡打粉和低筋面粉。

3. 用橡皮刮刀翻拌至无干粉后，揉成光滑的面团。

4. 将面团擀成厚度为3毫米的面片。

5. 用圣诞树模具压出相应的形状，放入烤盘。

6. 烤箱预热180℃，烤盘置于烤箱的中层，烘烤10~12分钟即可出炉。

可根据个人口味，适当调整绿茶粉的量。

分量
1人份

烤箱温度
上火170℃、下火170℃

烤制时间
15~18分钟

难易度：★ ☆ ☆

圣诞姜饼

配方：

低筋面粉130克，糖粉50克，无盐黄油65克，橙色巧克力笔1支，粉色巧克力笔1支，彩色装饰糖珠适量，蛋黄1个，肉桂粉2克，姜粉5克，白色巧克力笔1支，黑色巧克力笔1支

制作步骤:

1. 无盐黄油室温软化，加糖粉打至蓬松发白的羽毛状，加入蛋黄，搅打均匀，筛入低筋面粉，再筛入姜粉和肉桂粉，揉成光滑的面团。

2. 将面团擀成厚度为5毫米的面片。

3. 用具有圣诞气氛的模具压模。

4. 使用刮板协助，移动到烤盘上。

5. 烤箱调温至170℃，烤盘置于烤箱中层，烘烤15~18分钟。

6. 取出后，用不同颜色的巧克力笔装饰一下，并撒上彩色糖珠即完成。

将面团擀平的过程中，可以在面团的表面覆上保鲜膜，这样在擀面的过程中就不会出现断裂的情况了，而且面皮也可以擀得更薄。

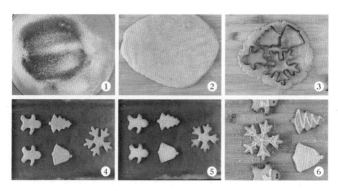

分量
2人份

烤箱温度
上火180℃、下火180℃

烤制时间
20分钟

蘑菇饼干

配方：

低筋面粉40克，可可粉10克，无盐黄油65克，细砂糖50克，水10毫升，鸡蛋液25克，泡打粉1克，香草精3克，玉米淀粉100克

制作步骤：

1. 无盐黄油室温软化，加入细砂糖，用电动打蛋器打至蓬松羽毛状。把蛋液分两次加入到打发好的黄油里面，搅打均匀。

2. 加入香草精，搅打均匀，筛入低筋面粉、玉米淀粉和泡打粉，搅匀揉搓成团。

3. 取一个空碗，将可可粉加水冲开。

4. 用手取一小团揉好的面团，大概20克，揉成光滑的球状。

5. 用一个小盖子蘸上可可液，在小面团上，压出蘑菇蒂的形状。

6. 压好后置于烤盘中，其余面团依此方法制作。烤箱调温至180℃，将烤盘置于烤箱中层，烤20分钟即可。

Tips

在饼干中适当添加玉米淀粉是为了降低面粉的筋度，可以使饼干的口感更加酥软。

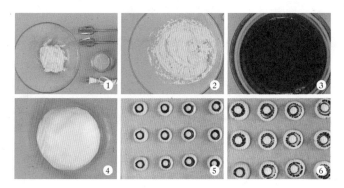

分量
2人份

烤箱温度
上火175℃、下火175℃

烤制时间
15分钟

黑巧克力长颈鹿饼干

配方：

低筋面粉110克，无盐黄油50克，鸡蛋液25克，糖粉45克，黑色巧克力笔1支

制作步骤：

1. 无盐黄油室温软化，用电动打蛋器搅匀，加入糖粉搅打至蓬松羽毛状。

2. 鸡蛋液分三次加入到黄油中，每次加入时都需要充分搅打均匀。

3. 筛入低筋面粉，用橡皮刮刀搅拌至无干粉。

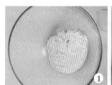  

4. 揉成光滑的面团，放入冰箱冷藏30分钟。

5. 取出面团，擀成厚度为3毫米的面片。

6. 用长颈鹿模具压出长颈鹿的形状。

7. 压好的生坯放在铺有油布的烤盘上准备入烤箱。

8. 烤箱调温至175℃，烤盘置于中层，烤15分钟，出烤箱，放凉后，用巧克力笔装饰即可。

判断黄油的软化程度：用中指轻轻按压黄油，可以轻松地按出指印即是最为合适的状态。

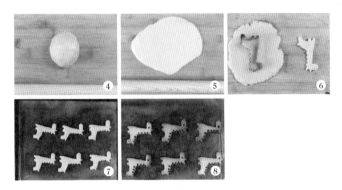

分量
2人份

烤箱温度
上火160℃、下火160℃

烤制时间
15分钟

难易度：★★☆

白巧克力长颈鹿饼干

配方：

无盐黄油65克，糖粉50克，蛋黄1个，香草精1克，低筋面
粉130克，巧克力笔若干

制作步骤：

1. 准备一个干净的搅拌盆，并拿出电动打蛋器和橡皮刮刀。

2. 将室温软化的无盐黄油放入搅拌盆中，加入糖粉，用电动打蛋器搅打至蓬松羽毛状，加入蛋黄。

3. 再加入香草精，同蛋黄一起均匀搅打在黄油中。

4. 筛入低筋面粉，用橡皮刮刀切拌至无干粉的状态。

5. 用手将面团揉紧实，揉成一个光滑的面团。

6. 使用擀面杖将面团擀成厚度为3毫米的面片。

7. 拿出长颈鹿模具，压出相应形
   状的饼干坯，多余的边角可以
   反复擀成面片并压出形状。

8. 用刮板去除多余的边角面皮，
   轻轻铲起造型面片，移动到铺
   了油纸的烤盘上。

9. 烤箱预热160℃，将烤盘置于
   烤箱的中层，烘烤15分钟。

10. 出炉晾凉后，使用巧克力笔为
    长颈鹿饼干装饰出花纹。待巧
    克力液放凉后即可食用。

Tips

烘烤时，注意观察饼干坯上色的状况，以随时
调节烤箱的温度和烘烤时间。可使用饼干测试
烤箱温度是否均匀：用原味饼干坯入炉，烤出
的饼干颜色深，对应烤箱位置的温度就高。

分量
2人份

烤箱温度
上火170℃、下火170℃

烤制时间
15分钟

难易度：★ ★ ☆

哆啦美

配方：

低筋面粉200克，细砂糖60克，无盐黄油110克，奶粉20
克，蛋黄2个

制作步骤：

1. 将无盐黄油切小块，室温下软化，加入细砂糖打至蓬松羽毛状。

2. 将蛋黄加入到黄油中，搅打均匀。

3. 筛入低筋面粉，筛入奶粉，搅拌至无干粉的状态。

4. 揉成光滑的面团。

5. 擀平，用哆啦美模具压出形状，放入烤盘。

6. 烤箱调温至170℃，烤盘置于烤箱中层，烘烤15分钟。将饼干烤箱移出烤箱，放凉后即可食用。

Tips

细砂糖无须过筛，但是难免会有结块的情况。
如有结块，只需要用橡皮刮刀轻轻按压，细砂
糖就会恢复成松散的样子。

分量
2人份

烤箱温度
上火170℃、下火170℃

烤制时间
15分钟

浣熊饼干

配方：

低筋面粉130克，无盐黄油65克，糖粉50克，牛奶20毫升，泡打粉2克，可可粉10克，香草精3克，黑色巧克力笔1支，白色巧克力笔1支

制作步骤：

1. 无盐黄油软化，加糖粉，用电动打蛋器搅打至蓬松羽毛状。

2. 加入牛奶和香草精，搅打均匀。

3. 筛入低筋面粉，拌匀。

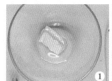

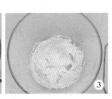

4. 筛入泡打粉和可可粉，用橡皮刮刀搅拌至无干粉的状态。

5. 揉成光滑的面团并用擀面杖擀成3毫米厚的面片。

6. 用浣熊模具将生坯压出浣熊的形状装盘。

7. 烤箱调温至170℃，将装有生坯的烤盘置于烤箱中层，烤约15分钟。

8. 出烤箱，放凉后，用巧克力笔装饰浣熊的眼睛和肚子即可。

Tips

泡打粉分两种，一种是含铝泡打粉，一种是无铝泡打粉。无铝泡打粉中不含硫酸铝钾和硫酸铝铵，建议购买无铝泡打粉。

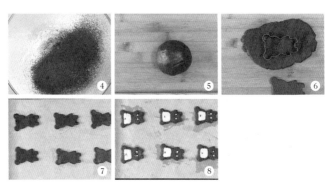

分量
2人份

烤箱温度
上火175℃、下火175℃

烤制时间
20分钟

难易度：★ ★ ☆

龙猫饼干

配方：

可可面团： 低筋面粉130克，无盐黄油80克，可可粉20克，糖粉60克，鸡蛋液25克；**原味面团：** 鸡蛋液15克，糖粉35克，无盐黄油50克，低筋面粉110克；**装饰：** 白色巧克力笔1支，黑色巧克力笔1支

制作步骤:

1. 准备一个干净的搅拌盆。

2. 放入50克无盐黄油、35克糖粉, 搅打至蓬松发白的羽毛状。

3. 分两次加入15克鸡蛋液, 每次加入都要搅打均匀。

4. 筛入110克低筋面粉, 用橡皮刮刀搅拌均匀成原味面团。制作可可面团时需要筛入低筋面粉和可可粉, 同样搅拌均匀。

5. 拌好后, 得到两种面团, 将两份面团放入冰箱冷藏30分钟。

6. 将面团取出后, 分别擀成厚度为3毫米的面片。

7. 用龙猫模具压出身体和肚子，组装后放入烤盘中，烤箱调温至175℃，烤盘置于烤箱中层，约烤20分钟。

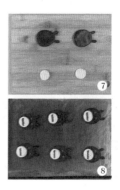

8. 取出放凉后，用巧克力笔，在龙猫上画出你喜欢的表情。

Tips

在制作饼干面团的过程中，不宜过度揉搓饼干面团。过度揉搓的饼干面团，表面会有出油的现象，这样在进行压模操作的时候，生坯会更容易断裂，烤出的饼干口感干硬，且容易碎裂。

分量
2人份

烤箱温度
上火175℃、下火175℃

烤制时间
15分钟

难易度：★★☆

小狗饼干

配方：

低筋面粉200克，糖粉60克，奶粉20克，无盐黄油110克，蛋黄2个，粉色巧克力笔1支，黑色巧克力笔1支，白色巧克力笔1支

制作步骤：

1. 无盐黄油室温软化，加入糖粉，用电动打蛋器打至发白，分两次加蛋黄搅打匀，加入低筋面粉和奶粉，拌匀，揉成光滑的面团，放入保鲜袋中，入冰箱冷藏30分钟。

2. 用擀面杖将饼干面团擀成厚度为3毫米的面片。

3. 用模具压出小狗的形状，放入烤盘。

4. 烤箱调温至175℃，烤盘置于中层，烤约15分钟，以饼干表面上色为准。

5. 将烤好的饼干拿出烤箱，放凉后，用巧克力笔装饰出小狗的眼睛和身体的花纹。

6. 待巧克力晾干后，即可食用。

Tips

糖粉比起细砂糖更容易与无盐黄油混合均匀，
但甜度上稍微低一些。

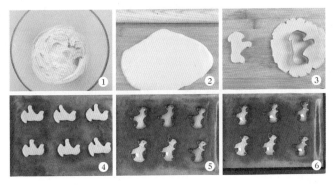

分量
2人份

烤箱温度
上火175℃、下火175℃

烤制时间
15分钟

难易度：★ ★ ☆

小熊饼干

配方：

低筋面粉110克，无盐黄油60克，细砂糖40克，可可粉10克，鸡蛋液25克，橙色巧克力笔1支，白色巧克力笔1支

制作步骤:

1. 无盐黄油室温软化,加入细砂糖,搅打至微微发白、呈蓬松羽毛状,鸡蛋液分两次放入黄油中,每次加入时都要搅打均匀,筛入低筋面粉和可可粉,用橡皮刮刀搅拌至无干粉。

2. 揉成光滑的面团,放入保鲜袋,入冰箱冷藏30分钟。

3. 将冷藏过的面团擀成厚度为3毫米的面片,注意力度要均匀。

4. 用小熊模具将生坯压出小熊的形状。

5. 放入烤盘,置于烤箱中层,调温至175℃,烘烤15分钟。

6. 出烤箱,放凉后,用巧克力笔装饰出喜爱的图案即可。

Tips

巧克力笔常温状态下是凝固的,在使用前需要放入60℃以内的温水中加热熔化。

分量
2人份

烤箱温度
上火180℃、下火180℃

烤制时间
13分钟

奶牛饼干

配方：

低筋面粉170克，可可粉3克，香草精3克，盐1克，无盐黄油60克，炼乳100克

制作步骤：

1. 将无盐黄油装入搅拌盆里，室温软化后用打蛋器打至微微发白，呈蓬松羽毛状。

2. 加入炼乳和香草精，拌匀。

3. 加入盐，低筋面粉过筛加入，用刮刀搅拌至无干粉状，揉成面团。

4. 取出50克面团，加入可可粉，混合均匀，制成白、黑两种颜色的面团。

5. 白色面团用擀面杖擀成厚度为3毫米的面片。

6. 取大小不一的黑色面团均匀分布在白色面片上，擀平，并用奶牛模具压模。

7. 用刮板辅助，将奶牛形状的面片放入烤盘。

8. 烤箱调温至180℃，将烤盘置于中层，烘烤13分钟。出烤箱后即得奶牛饼干。

Tips

制作造型饼干的过程中，生坯很容易在挪动的过程中断裂。我们可以借助刮板，将2/3的生坯铲起，用手轻轻扶着，快速移动至烤盘中，以保证饼干生坯的完整。

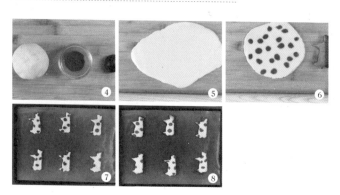

分量
2人份

烤箱温度
上火170℃、下火170℃

烤制时间
15分钟

难易度：★★☆

娃娃饼干

配方：

低筋面粉110克，黄奶油50克，鸡蛋25克，糖粉40克，盐2克，巧克力液130克

制作步骤:

1. 把低筋面粉倒在案台上,用刮板开窝。

2. 倒入糖粉、盐,加入鸡蛋,搅匀。

3. 放入黄奶油,将材料混合均匀,揉搓成纯滑的面团。

4. 用擀面杖把面团擀成0.5厘米厚的面皮。

5. 用模具压出数个饼坯。

6. 在烤盘铺一层高温布,放入饼坯。

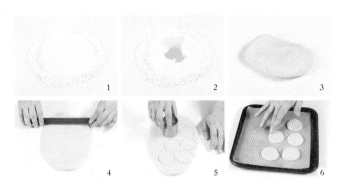

7. 放入烤箱，以上、下火170℃烤15分钟至熟。

8. 取出烤好的饼干，在案台铺上一层烘焙纸，放上饼干。

9. 取出饼干，部分浸入巧克力液中，做出头发状。

10. 再用竹签蘸上巧克力液，在饼干上画出眼睛、鼻子和嘴巴，把饼干装入盘中即可。

Tips

为了让饼干更漂亮，还可以在表面画上漂亮图案，变成霜糖饼干。

分量
2人份

烤箱温度
上火170℃、下火170℃

烤制时间
15分钟

难易度：★★☆

蝙蝠饼干

配方：

低筋面粉130克，无盐黄油65克，牛奶20毫升，糖粉50
克，橙色巧克力笔1支，香草精1克，可可粉10克

制作步骤:

1. 无盐黄油软化,加糖粉,用电动打蛋器搅打至蓬松羽毛状,加入牛奶和香草精,搅打均匀,筛入低筋面粉和可可粉,用橡皮刮刀搅拌至无干粉。

2. 揉成光滑的面团。在面团过软的情况下可将其放入冰箱冷藏30分钟。

3. 用擀面杖将面团擀成3毫米厚的面片。

4. 使用蝙蝠模具将面皮压出蝙蝠的形状。

5. 烤箱调温至170℃,将压成形并装盘的生坯置于烤箱中层,烤约15分钟。

6. 出烤箱,放凉后,用巧克力笔为蝙蝠点上眼睛。

Tips

香草精不需要加太多,只需要几滴就能有浓郁的香草芬芳。

小黄人饼干

配方：

翻糖膏180克，无盐黄油100克，奶粉10克，黑色巧克力笔1支，食用色素（黄）适量，鸡蛋液30克，细砂糖70克，低筋面粉180克

制作步骤：

1. 无盐黄油软化后加入细砂糖，用打蛋器打至蓬松羽毛状，倒入蛋液打匀。

2. 筛入低筋面粉和奶粉，揉成团，冷藏20分钟后拿出。

3. 将面团擀成约4毫米厚的面片，用模具压出圆形放入烤盘。

4. 将烤箱调温至170℃，再将烤盘置于烤箱中层，烤20分钟。

5. 将翻糖膏分成150克和30克，在大份糖膏中揉入黄色的色素。

6. 擀平黄色翻糖膏，压出圆形的糖皮，并用白色翻糖膏搓出小黄人的白色眼睛部分。

7. 将黄色圆形翻糖皮贴在烤好的饼干上，再将小黄人的眼睛贴上。

8. 最后用巧克力笔装饰表面，小黄人翻糖饼干完成。

Tips

翻糖需要避免阳光的直射，在干燥的环境下储存。储存不当的翻糖会变得很硬，使用时无法随心意做成想要的形状。通常只需要购买白色的翻糖，配合翻糖专用的色素，即可制成彩色翻糖。

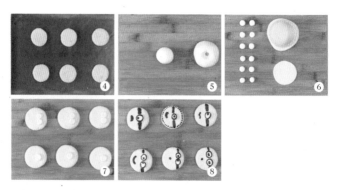